九色鹿杯
编织人生编织大赛
作品集

编织人生　编

辽宁科学技术出版社
沈阳

U0748536

图书在版编目（CIP）数据

九色鹿杯编织人生编织大赛作品集/编织人生编.
—沈阳：辽宁科学技术出版社，2011.10
　　ISBN 978-7-5381-6437-4

　　Ⅰ.①九…　Ⅱ.①编…　Ⅲ.①绒线—编织—图集
Ⅳ.①TS935.52-64

　　中国版本图书馆CIP数据核字（2011）第191855号

出版发行：辽宁科学技术出版社
　　　　　（地址：沈阳市和平区十一纬路29号　邮编：110003）
印　刷　者：沈阳市北陵印刷厂有限公司
经　销　者：各地新华书店
幅面尺寸：210mm×285mm
印　　张：9.75
字　　数：200千字
印　　数：1~5000
出版时间：2011年10月第1版
印刷时间：2011年10月第1次印刷
责任编辑：赵敏超
封面设计：央盛文化
版式设计：万　岳
责任校对：李淑敏

书　　号：ISBN 978-7-5381-6437-4
定　　价：39.80元

投稿热线：024-23284367　473074036@qq.com
邮购热线：024-23284502
http://www.lnkj.com.cn
本书网址：www.lnkj.cn/uri.sh/6437

序言

编织人生网站创办至今，年度大赛办过五届，以往每届比赛时都轰轰烈烈，赛后却没有留下作品集锦，让织友可以保存欣赏，深感遗憾。和苏州九色鹿纺织科技有限公司的钱总讨论比赛细节的时候，便提议将比赛精彩作品编辑成书，利于收藏传播，也算是一种纪念吧。

在前年，论坛出了4本书的过程中，就深知出一本书很不易，尤其是作者甚多的合集书。本书从比赛开始算起，足有一载有余。我们的编辑联系每位作者寄送作品拍摄效果图，再交给图解老师制图，并收集作者的编织要点。本书能够问世，非常感谢参赛作者的支持，和幕后为这本书作出贡献的人，是大家的努力，才能让更多的人欣赏到这样一本精彩的毛衣编织书。

2010年的"九色鹿杯"编织人生编织大赛中有欢喜，有失望，有众望所归，有爆冷获奖，留下很多回忆。在我看来，每件都有自己的特色，都倾注了作者的灵感，名次不重要，重要的是参与，去创作的过程。每次编织大赛都是大家学习的饕餮大餐，相互交流，相互欣赏，大家的这种交流精神才是我们编织人生所追求的精神。我要对所有的参赛者说，你们是最棒的，加油！

值得一提的是，这本书是我们第一本自己安排拍摄的书。因为以前没有这样的经历，在寻找模特上还绕了不少弯子。后来在"胖子"的摄影团队和摄影师大波的支持下，才完成了这些精美的照片。我们浩浩荡荡10余人在美丽的苏州金鸡湖畔、李公堤和月光码头进行拍摄，拍摄的过程也非常辛苦，从早上8点到傍晚5点，3名模特在拍摄结束时，已经累得走不动路。对她们的敬业精神我们表示非常的感谢。有她们的参与，更好地展示出织女们的美衣，让本书增色不少。再次对参与拍摄的摄影师、模特、灯光师、化妆师表示感谢。

在编织书出版方面，辽宁科学技术出版社一直是很有经验的一家出版社。在赵编辑联系我后，我们不谋而合，都有共同的愿望将比赛整合成书，便委托辽宁科学技术出版社出版本书，相信在这么多方面的努力下，本书一定会将精彩永存，让你爱不释手。

我在这里小小的推荐一下，今年还有两本和辽宁科学技术出版社合作的书，《青瓜的钩针专辑》和《螺旋花的魅力》，内容同样精彩，不容错过哦。

最后，感谢陈莹莹和叶琳为本书制图，功不可没。感谢苏州九色鹿纺织科技有限公司对编织大赛的赞助和支持。感谢所有的会员对编织人生的支持。

谨以此书献给所有编织人生的会员，编织人生因你而美丽。

编织人生

Contents 目录

特等奖

民族风韵 享乐无痕

黑色与墨绿的大胆撞色，复古的民族风，衣身配饰的提亮使衣服增色不少，同风格的配饰让整体颇为大气从容。

做法：P081

做法：P082

一等奖

荷塘秀色 枫桥柳笛

纯净的宝石蓝，古典优雅的旗袍款式，亮点在于一支独秀的清莲，点缀点点的白色小花，展现出精致女人的成熟底蕴。

大唐飞花 qiaorui

钩织花朵与旗袍的完美融合，似水的女子宛若大唐公主，清风拂柳一样飘然的步态，表现出细腻柔软的情感，让人无限怜爱。

做法：P083

墨梅 玉如意手工坊

　　气质优雅的灰色中长款毛衣，融入中国特色的旗袍元素，对称的玫红色花朵设计增添可爱与温婉。侧边中国结元素的运用，在这个喧嚣的现代丛林中，将古典风韵表现得淋漓尽致。

做法：P084

花的絮语 jjyyyx1

娇艳的红色大气而热情，双排扣的设计展示了韩式潮流的风尚与秀美。收腰设计独显靓丽女人的高雅气质，红黑为主线的经典搭配，点缀片片绿叶，集浪漫灵动风情于一身。

做法：P085

做法：P086

蝶舞青花 ahyxx1163

纯净的白色连衣裙点缀片片青花摇曳，复古绵长，完美地
演绎一曲蝶恋花的优美，穿上它静静享受心灵的呼唤，沐浴在
夏日阵阵凉风中。

做法：P087

三等奖

深度魅惑 qiaorui

　　浪漫的花型钩织结合披肩，珍珠扣子的完美搭配让整体增色不少，是春夏必不可少的出游单品哦，穿上出门，必定赚足回头率。

做法：P088

三等奖

黑与白 *piaomiao*

经典的黑与白的完美组合，书写迷人的OL气质，亮点是白色毛线扣和波浪条纹的点缀，使套头连衣裙更显优雅迷人气息。

枝繁叶茂花盛开 编织玩家

袖口的小花瓣与细腻的针织花型，鲜艳的红色极富冲击性，无不完美地诠释出婉约的淑女风格，独特的下摆设计呈现出女人特有的娇俏可爱。

做法：P089

做法：P092

三等奖 毒玫瑰 邓端

多种色彩的强烈撞击，钩织拼花设计，打造成熟妩媚的迷人气息，毛茸茸的领子和袖口部分更增添了一分优雅大气。

旗袍系列之云图腾

　　粉白相间的温柔，极具中国风的旗袍式样，完美地融合出一幅静婉的肖像画，似从水乡走出的女子，摇曳生香，无限柔情尽在举手投足间。

做法：P093

三等奖

青果倾城 EaSily、、、枫叶

紫红色长款毛衣给冬天增添了一抹春日气息，枫叶图案衬托闭月羞花的美丽，不规则的下摆设计极具风情。

做法：P095

三等奖

结缘 小美人

　　V领、水袖，以及中国结的大胆运用，让整件衣服显得高贵大气，大家闺秀风范展露无疑，红与黑的经典搭配，细节的完美处理，无不体现着古典的从容与优雅。

做法：P096

深蓝色的童话故事

深蓝色的镂空钩花美衣，春日必备时尚单品，独特巧妙的后摆设计，灵动又富有个性，衬托出一个含蓄内敛的柔美女子。

做法：P097

做法：P098

心然春天里 APACHELONG

独特的后背带扣设计，有层次的镂空花样，领口米色及精致的钩花
与衣身鲜亮的红色遥相呼应，犹如少女的心事欲说还羞。

爱琴海 hongzhu

深沉神秘的黑色，镂空的高领设计，绽放颈部、腰部的迷人风采，最是那手边一抹淡淡忧伤，成熟中跳出些许俏皮可爱。

做法：P099

百变女郎 清雁妈

粉嫩的颜色总让人垂爱不已，这款两用型毛衣把百变女郎的形象表现到极致，或小开衫或披肩式罩衫，各具特色，别有风情。

做法：P100

近春 因为爱所以爱

　　轻柔的小马海毛承载着童年的幻想，淡蓝与淡粉色的完美融合，可爱的披肩虽然简单易织，时尚青春气息却迎面而来。

做法：P101

做法：P102

飘逸 *秋韵雨思*

高雅的白色披肩，飘逸灵动，细腻柔软，绝对是春秋衣柜必备单品，纯净的白色宛如嫣然巧笑、吐气若兰的东方女性，展现着少女独特的纯真柔美。

春风花草香 miaomiaomama

　　明媚阳光下，豆绿色的世界里迷茫着点滴温暖，日系的精致与钩针的细腻完美融合，通身小巧简单的花纹，长款镂空长裙书写夏日浪漫情怀。

做法：P103

做法：P104

时尚钩编连衣裙 袁敏

钩针与棒针的完美结合，温暖端庄的灰色低领，镂空的花型衬托若隐若现的性感，瞬间将你打造为成熟知性女人。

做法：P105

粉色柔情 yangsujuan

温馨的粉色，立体花像是经过精雕细琢后安放上去的，短款设计拉伸了女性柔美的曲线比例，一切自有一股优雅沉静的美，既浪漫又可爱。

海之梦 【hxh】

　　仿佛海边阵阵微风拂面，层层海浪的堆叠，蓝色的螺旋花披肩优雅中带有灵动，绽放的朵朵小花，诉说着无尽的相思。

做法：P106

花繁叶茂连衣裙 潇洒玫瑰

高领短袖加上通篇玫瑰钩花的独特设计，藏青色突显OL的大气与知性，精细的局部线条让美裙赚足回头率。

做法: P107

做法：P108

化蝶 iewgeg

　　灰色系的横条纹带帽拉链毛衣，巧妙地搭配不规则下摆，长版宽松设计十分修饰身形，温暖的色调带出温馨可人的感觉，经典百搭款式，是秋冬衣柜不可或缺的时尚单品。

洁白无瑕 夏雪1977

　　洁白的毛衣裙款式时尚大方，亮点是裙摆和袖口的镂空钩花设计，高腰花朵与蓝天交相辉映，衬托出恰到好处的慵懒，表现出特有的东方柔美。

做法：P109

静美 糊涂一世

简单的网眼衬托出白皙的肌肤，领口处中国结元素的运用十分抢眼，鬼魅深邃的黑色透露丝丝迷人诱惑。

做法：P110

静在深秋 EaSily、、枫叶

繁华似锦的扇形图案，别具一格的系带设计，呈现着女人特有的娇羞可爱，咖啡色的经典款式，让你在任何时候穿着都不会过时。

做法：P111

做法：P112

菊花绽放 北疆昆仑

　　灰色中长款菊花图案厚毛衣，巧妙搭配黑色皮毛领，优雅大气，立体菊花扣造型又平添几分可爱俏丽。

做法：P113

冷香 cindydu

镂空的钩织设计，简洁的纹理，经典的黑白搭配，塑造优雅迷人气息，宽大的披肩融入时尚流苏元素，使披肩更具灵动气息。

做法：P114

梦幻风铃魅力 邓 端

　　合体优雅的淡紫色连衣裙，神秘又梦幻，巧妙的立体钩花拼接，腰部以上线条设计更加突显完美好身材，裙摆与腰线的花朵呼应，恰到好处地演绎着女性的柔美气质。

清莲 moyi135

如水中幽幽盛开的清莲，针织的镂空设计纯美中增添几分性感，纯白的套装组合，衬托出江南温婉如水的女子。

做法：P115

秋冬季节

　　宽袖、一字领、低调却高贵的灰色，镂空的设计让整件衣服飘逸灵动，这样的俏丽可爱，怎能不让人怦然心动。

做法：P116

做法：P117

生活插曲

山花灿漫

鲜艳到极致的颜色，仿佛赋予了整件衣服灵动的生命，让它在瞬间活力四射、动感十足，胸前的大朵花型增添了小女人的优雅与妩媚，过腰的长度完美地修饰了体型，是比较容易入手的款式。

深秋蓝玫瑰 子玄妹妹

　　中袖短款针织衫，腰部以上线条设计应用场合非常多，蓝色妖姬般神秘优雅，突显白领丽人的高贵气质，纯净宝蓝色从内而外散发出一种成熟气息，诉说着点滴浪漫情怀。

做法：P118

索菲亚的蓝色梦想

明亮的蓝色让你瞬间心情大好，独特的圆领带帽衫彰显青春与活力，宽松的款式带来自然、阳光之美，怎能让人不怦然心动。

做法：P119

西式双排扣大衣

　　大翻领双口袋的西式双排扣大衣，纵向排列的花型设计在潇洒与帅气中又增添了温柔，腰带的设计让完美好身材更为突显。

做法：P120

旋之美 【hxh】

明媚的阳光下，蓝色的世界弥漫着轻快与纯真，浪漫的螺旋花花样，同类色的搭配，仿佛置身微风徐徐的海边，惬意悠闲，大气优雅。

做法：P121

我的白色情怀 juer

看似复杂的炫目美衣，却是简单的钩织结构，套头镂空钩织小衫搭配同款围巾，相映成趣，别有一番风情。

做法：P122

韵味 欣玉

经典百搭的灰色短款蝙蝠衫
款式套头毛衣，亮点是背部盛开的
花朵，独特的系带设计，下摆的收
腰款式，绝对是潮流美眉的最爱。

做法：P123

织钩结合不规则
时尚男式丝棉衫

不规则的白色针织棉衫，搭配简单的衬衫，突显休闲与稳重，侧边白色镂空图案，展现男士另类成熟魅力。

做法：P124

紫色情怀 kuaileren

　　紫色永远是美丽的优雅，感伤的温柔，沉静的风情。如夏日盛开的幽莲，弥漫着丝丝诱人气息，精炼的款式，演绎恰到好处的诱惑。

做法：P125

醉红颜 *gaoe*

最是那迷人的红色，鲜艳亮丽，镂空花型的巧妙设计，弧线形的下摆，让整件披肩更具柔美，宛若古画中清透的女子，梦幻静雅。

做法：P126

做法：P127

小美人

自由行走的花

　　深蓝的优雅，随性而又浪漫，最是那腰间不规则的小花设计，呼应袖子的花朵图案，珍珠扣子的运用也别具特色，大胆的撞色拼接别有一番风情。

做法：P128

LIULI7536

淡绿锁深院

　　淡绿色的细腻温和，裙身唯美的叶片设计，褶皱泡泡的运用将可爱与柔美完美融合，做工考究，款式简单大方，胸部大胆的性感设计亦不失品位与优雅。

枫叶红 LIULI7536

　　时尚的大翻领，加上简洁大方的双口袋，亮丽的红色极具动感与活力，独特的半圆弧下摆设计，更突显出女性别样的柔情。

做法：P129

红粉佳人 生活插曲

　　粉红色蕾丝钩织开衫带来一股满面桃花的气息，朵朵温柔粉嫩的小花绽放在裙摆边，流露出一份柔软清纯的性感。

做法：P130

秋天的童话 fq8899

优雅的披肩式毛衣，紫色的拼接增添了斗篷的贵族气息，流苏的设计将女性的温婉衬托得恰到好处，大牌的感觉在不经意间自然流露。

做法：P131

秋天的温暖 而已

太阳般温暖的气息，设计独特新颖，合体流畅的结构款式，加上白色绒球的完美搭配，可爱又俏皮，无论是约会、shopping，还是郊游、party。穿上它吧，这般俏丽迷人，想避开大家的目光都难。

做法：P132

叶儿情 享乐无痕

　　淡绿的色彩如初春的新芽，充满希望，背部的镂空叶片与袖口遥相呼应，正面的侧边开口系结设计，充分展现了女人的万种风情。

做法：P133

月照花林 miaomiaomama

做法：P134

优雅的紫色钩织拼花设计，浪漫而又妩媚，流水清清，花团簇簇，环绕、交融，回旋婉转之音。朗月成空，花开成林，绽放如花般的性感与美艳，最是那一抹无法让人释怀的美艳。

做法: P135

紫玫瑰 千百度

盛开在领口和袖口的朵朵玫瑰是整件衣服的主线，幽幽的深紫色带着
一分神秘静谧，侧边大翻领带扣的开衫设计，似一朵紫罗兰傲然盛开。

简爱 美丽达人

温和的淡灰色，通身的流畅设计，搭配亮眼的棕色纽扣，宽肩带的运用使衣服单穿或做小背心都显得简约大气。

做法：P136

白色天使 yml17797

纯净的色彩。简单的款式，实用性极强，用球球做成的装饰系带，足够时尚可爱，好像降临凡间的精灵，透着无限迷人气息。

做法：P137

冰之彩 蓝云海

彩色毛线勾勒出一个温暖的冬天，长袖褶皱裙的设计，穿出明星般的闪亮和甜美感，你家的宝贝也能比明星还有范儿哦。

做法：P138

别样童趣姊妹花

秋韵雨思

蝴蝶精灵飞翔在花瓣之间，立刻就有了童话般的天真味道，花花朵朵透出别样童趣，玫红色的大胆运用绝对亮眼万分。

做法：P139

纯爱 *心愿的心愿*

蓝白色的清爽搭配，让人联想到帅气的海军服，时尚流行的海军风轻松搞定，小V领的设计为气质宝宝加分满满。

做法：P140

三等奖

都市丽人
白领风范 hongzhu

黑与红的绝美融合，亮点是胸前的扇形钩花，细腻地展现着女性的知性与柔美，绝对养眼的时尚单品哦。

做法：P141

做法：P142

段染的魅力 清雁妈

　　丰富的色彩一改往日的沉闷，领口的钩花让整体显得更加亮丽，水袖的设计极富公主气息，举手投足间都展示着小淑女的风范。

做法：P143

花儿朵朵 avvjiao

　　淡绿色与白色的完美搭配，是春天郊游的首选款式，朵朵盛开在裙摆的小花将小女孩的透明净雅渲染到极致。

金色童年儿童上衣

秋燕

明黄色的衣身，拼接白色的袖子，在外套上装饰朵朵小花，让整件衣服更加欢快，天真活泼的小女孩永远那么惹人怜爱。

做法：P144

花语蔷薇 蓝云海

粉嫩的颜色，甜美的款式，裙摆的独特设计与领口相呼应，乖巧的装扮，相信无论走到哪里都是令人瞩目的公主。

做法：P145

满庭芳系列之
满园春色 巧手狒狒

新颖的款式，匠心独运的设计，随意搭配的流苏下摆，不拘一格，圆领的设计更柔和，使整体更具淑女风范。

做法：P146

满庭芳系列之
一枝独秀 巧手狒狒

清爽粉嫩的颜色，是最清凉的装扮。简单而实用的吊带衫加上菱形的花朵设计，使其别具魅力，轻松将宝宝扮成夏日公主。

做法：P147

经典千鸟格童裙 <small>汝果是</small>

经典的千鸟格图案，完美地融合在可爱的宝宝裙中，小潮女扮靓初体验中不可或缺的时尚元素哦。

做法：P148

丝路雨花 <small>秋燕</small>

非常漂亮大方的一款中袖连衣裙，柔和的淡紫色，漂亮的花型设计，可爱的裙摆上还摇曳着朵朵漂亮的钩花。

做法：P149

梦幻花语 ahyxx1163

多彩的季节，弥漫浪漫的气息，漂亮细腻的钩花，从头到脚的完整行头，出门绝对赚足回头率。

做法: P150

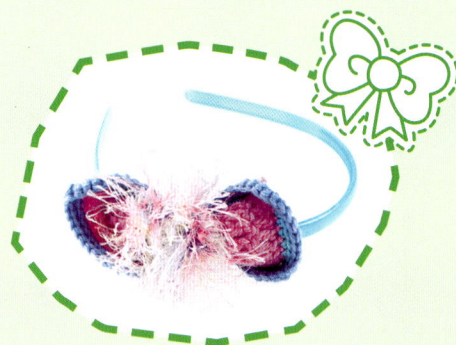

秋韵

月儿的毛衣

多彩的季节，甜美的笑容，绽放在这个季节的童真别样亮眼，玫红与橙黄的完美搭配，穿上这样的两件套出门，怎能不吸引人眼球。

做法：P151

雪精灵 kuaileren

如同雪花盛开在美丽的季节，将小女孩的容颜衬托得更加娇嫩可人，纯白色是可爱小公主们的必备之选哦。

做法：P152

樱桃满枝 xcici

纯净天蓝的衣身，搭配樱桃图案在领口和口袋间，经典开衫款式易于穿着，波浪形的袖口增添了一份甜美的感觉。

做法：P153

dew2599

悠悠公主之外出服

像裙子一样的小衫，是让小公主们着迷的经典款式，前襟纽扣设计更容易穿着，连帽款式很可爱哦。

做法：P154

民族风韵

【成品规格】衣长58cm，胸围84cm，肩宽32cm，袖长38cm

【工　　具】2.9mm 3.2mm棒针

【材　　料】黑色九色鹿雪貂300g军绿色小马海毛200g，蓝色金丝线少许

　　　　　　配饰物：红珊瑚碎石，蓝松石碎石，红珊瑚小圆珠

【编织密度】16针×20行=10cm²

【编织要点】

　　衣服为圆摆，按数字的顺序编织，由①起针横向编织花样A。由②往上编织花样B，这里要注意下摆圆弧的编织方法。底层用军绿色线另织下针，底边对折成双层状态。袖口为广口袖。衣领为双层。

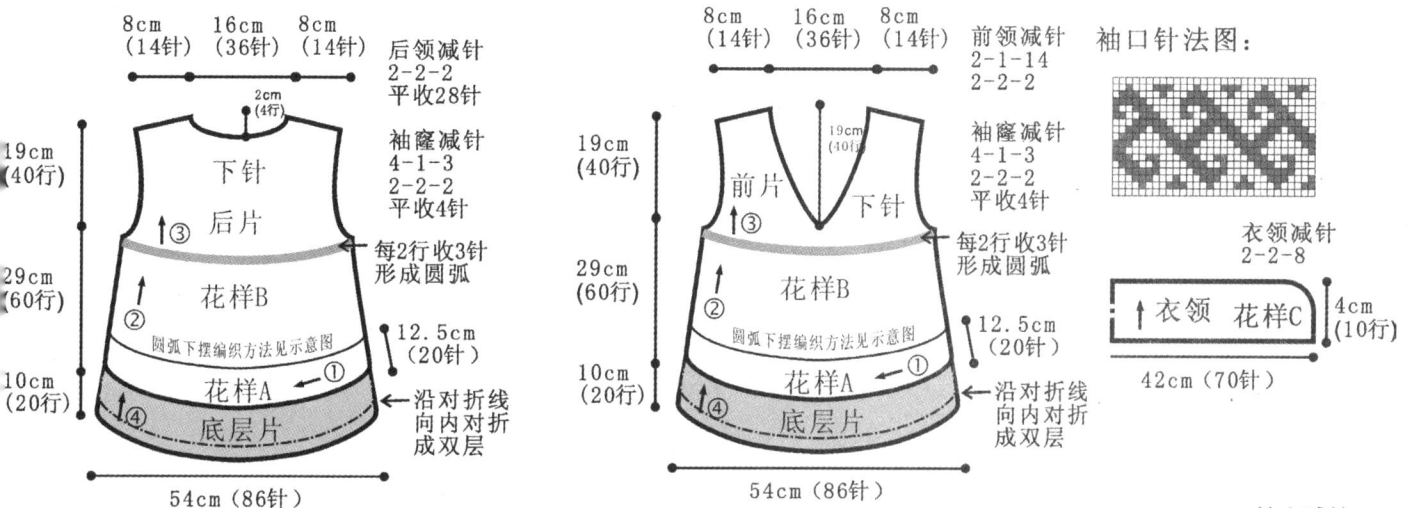

袖口针法图：

衣领减针
2-2-8

4cm
(10行)

↑ 衣领　花样C

42cm（70针）

后片

8cm（14针）　16cm（36针）　8cm（14针）

后领减针
2-2-2
平收28针

袖窿减针
4-1-3
2-2-2
平收4针

19cm（40行）

下针

↑③ 后片

2cm（4行）

每2行收3针形成圆弧

29cm（60行）

↑② 花样B

10cm（20行）

↑④ 底层片　花样A　①

圆弧下摆编织方法见示意图

沿对折线向内对折成双层

12.5cm（20针）

54cm（86针）

前片

8cm（14针）　16cm（36针）　8cm（14针）

前领减针
2-1-14
2-2-2

袖窿减针
4-1-3
2-2-2
平收4针

19cm（40行）

前片　下针

每2行收3针形成圆弧

29cm（60行）

↑② 花样B

10cm（20行）

↑④ 底层片　花样A　①

圆弧下摆编织方法见示意图

沿对折线向内对折成双层

12.5cm（20针）

54cm（86针）

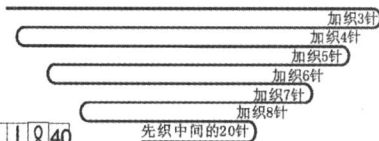

圆弧下摆示意图

加织3针
加织4针
加织5针
加织6针
加织7针
加织8针
先织中间的20针

袖片

袖山减针
4-2-5
平收6针

12cm（24行）

袖片　40cm（64针）

18cm（36行）

↑ 下针

8cm（16行）

袖口花样

40cm（64针）

花样A针法图：

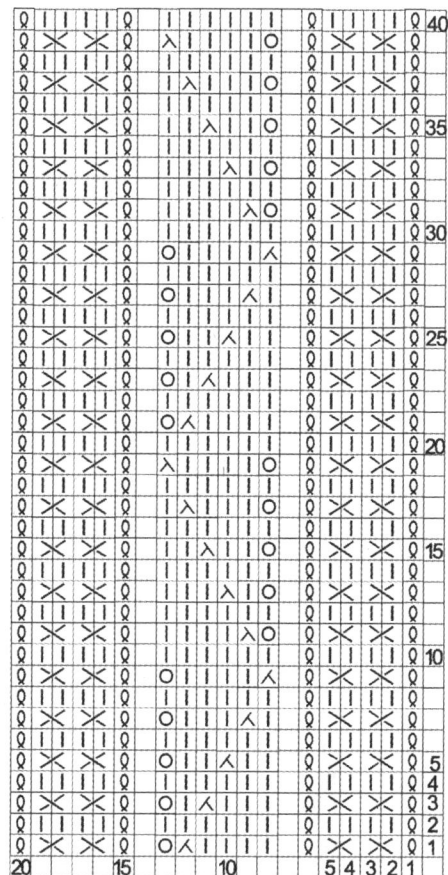

花样C针法图：

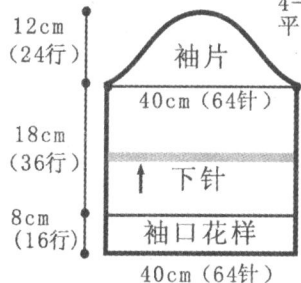

花样B针法图：

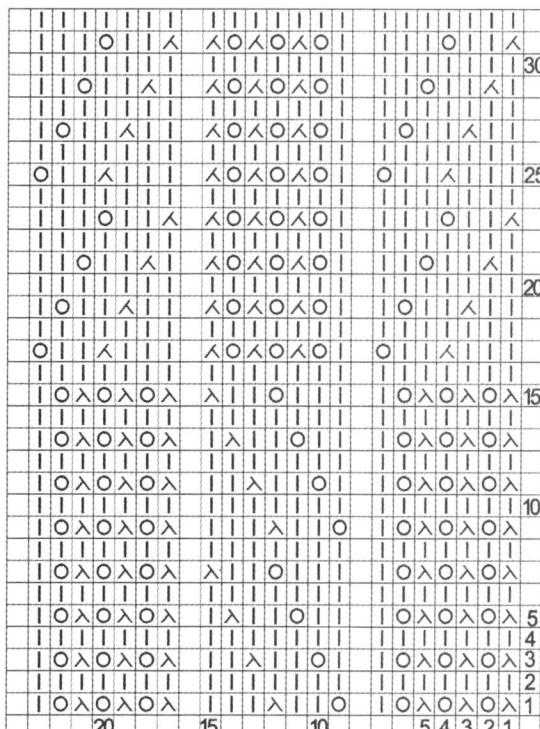

针法符号说明：

| | =下针

□ =上针

○ =加针

人 =2针并1针

入 =拨收1针

Q =扭下针

⊠ =1针下针左上交叉

⊠ =1针下针右上交叉

荷塘秀色

【成品规格】衣长84cm，胸围84cm，下摆90cm
【工　　具】2.3mm棒针，2.0mm棒针（织领），1.5mm钩针
【材　　料】蓝色丝棉450g，白色丝棉100g，浅蓝色丝棉50g
【编织密度】33.5针×40行=10cm²
【编织要点】

　　旗袍分为前、后、袖、领几个单元片。前片从下摆起针往上织平针，注意按图示加减针形成曲线。后片加减针同前片；但到后领处要分为左右两片来织。最后在前片相关位置分别按相关花样针法图完成各种小花并用手针缝合在相应位置上。下摆手绣一朵荷花。在衣领、袖口、斜襟上用白蓝色线各钩一行短针就可完成。

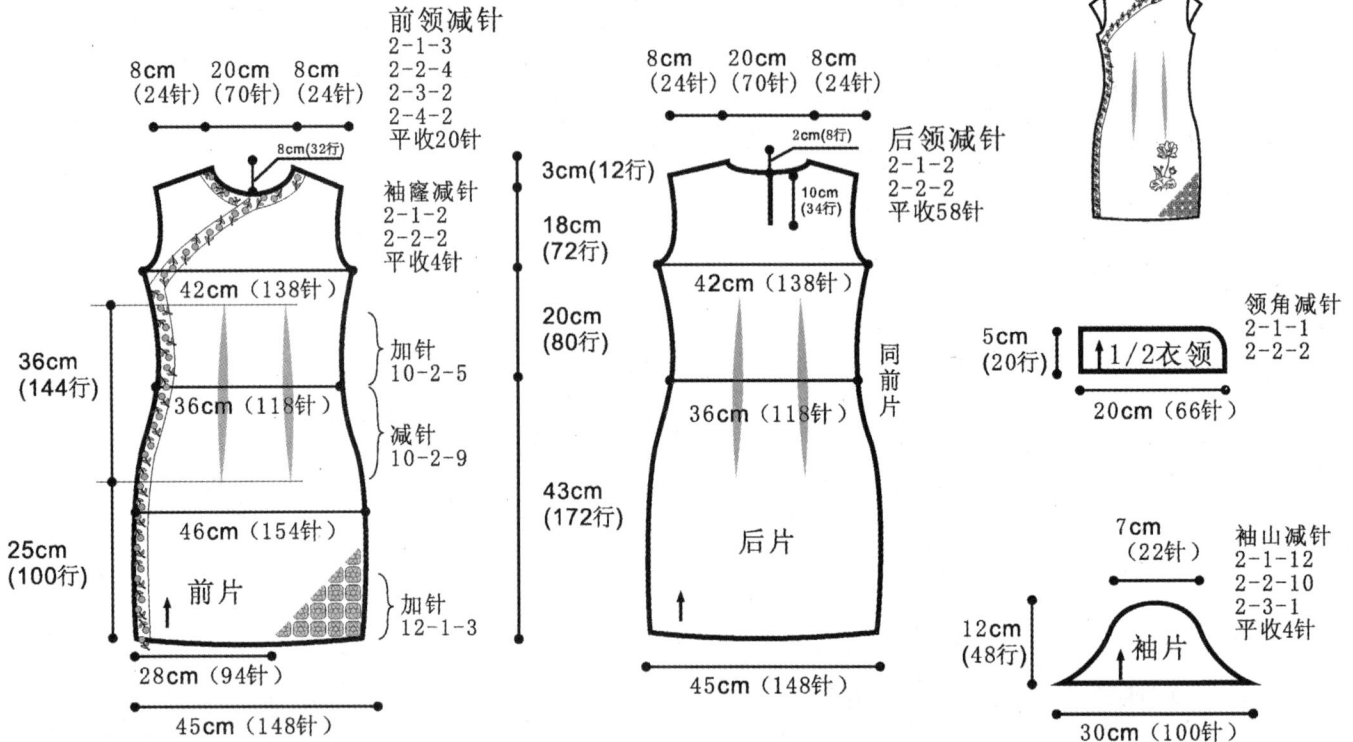

前领减针
2-1-3
2-2-4
2-3-2
2-4-2
平收20针

8cm 20cm 8cm
（24针）（70针）（24针）

8cm（32行）

袖窿减针
2-1-2
2-2-2
平收4针

42cm（138针）

36cm（144行）

加针
10-2-5

36cm（118针）

减针
10-2-9

25cm（100行）

46cm（154针）

前片

加针
12-1-3

28cm（94针）

45cm（148针）

8cm 20cm 8cm
（24针）（70针）（24针）

2cm（8行）

后领减针
2-1-2
2-2-2
平收58针

3cm（12行）

18cm（72行）

10cm（34行）

20cm（80行）

42cm（138针）

同前片

36cm（118针）

43cm（172行）

后片

45cm（148针）

领角减针
2-1-1
2-2-2

5cm（20行）

↑1/2衣领

20cm（66针）

袖山减针
2-1-12
2-2-10
2-3-1
平收4针

7cm（22针）

12cm（48行）

袖片

30cm（100针）

门襟花样针法图一：

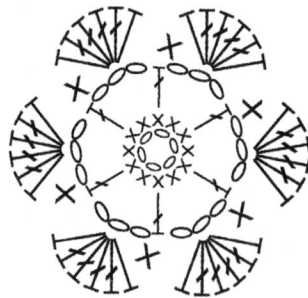

门襟花样针法图二：

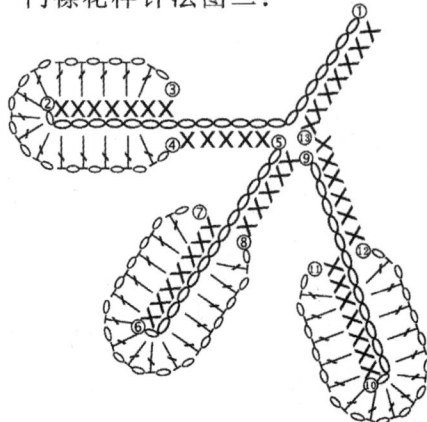

绣花图案：

下摆花样针法图：
（通过交替使用白、浅蓝、蓝三色线
达到不同的效果）

大唐飞花

【成品规格】衣长75cm，胸围77cm，袖长56cm
【工　　具】2.0mm钩针一根
【材　　料】九色鹿小马海毛190g，真丝棉1.5m
【编织要点】

1. 真丝棉裁剪缝制好内衬的衣服。
2. 按图解钩出各种单元花以及藤蔓。
3. 按结构图将单元花以及藤蔓缝在内衬上。
4. 最后将衣服包上边缝上盘扣。

结构图

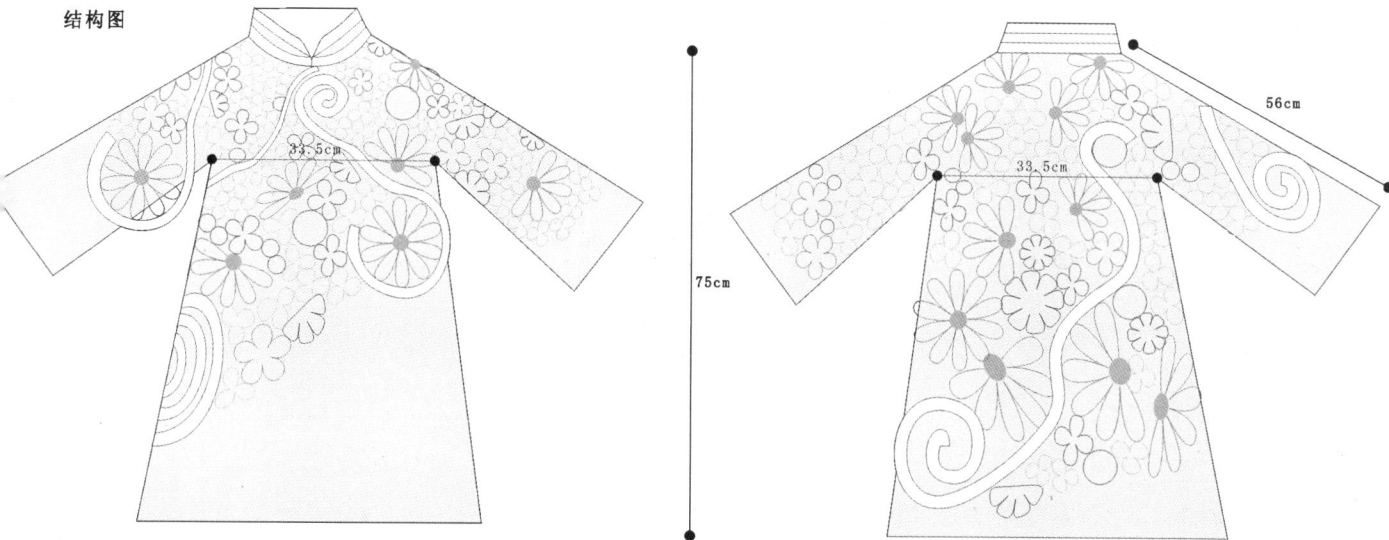

单元花钩法

墨梅

【成品规格】衣长82.5cm，胸围90cm，肩宽34cm，袖长25cm
【工　　具】4mm棒针
【材　　料】九色鹿羊驼绒线150g，黑灰色50g
【编织密度】22针×30行=10cm²
【编织要点】

毛衣分为前、后、袖、领几个独立的单元片。前、后片均是从下摆起针往上织，注意要按图示加减针形成曲线。后片加减针同前片；后片在相关位置分别按相关花样针法图用手针进行仿平针绣。在门襟及下摆、袖口用灰色线织8行花样F。衣领另织。扣结的制作方法参见P094页。

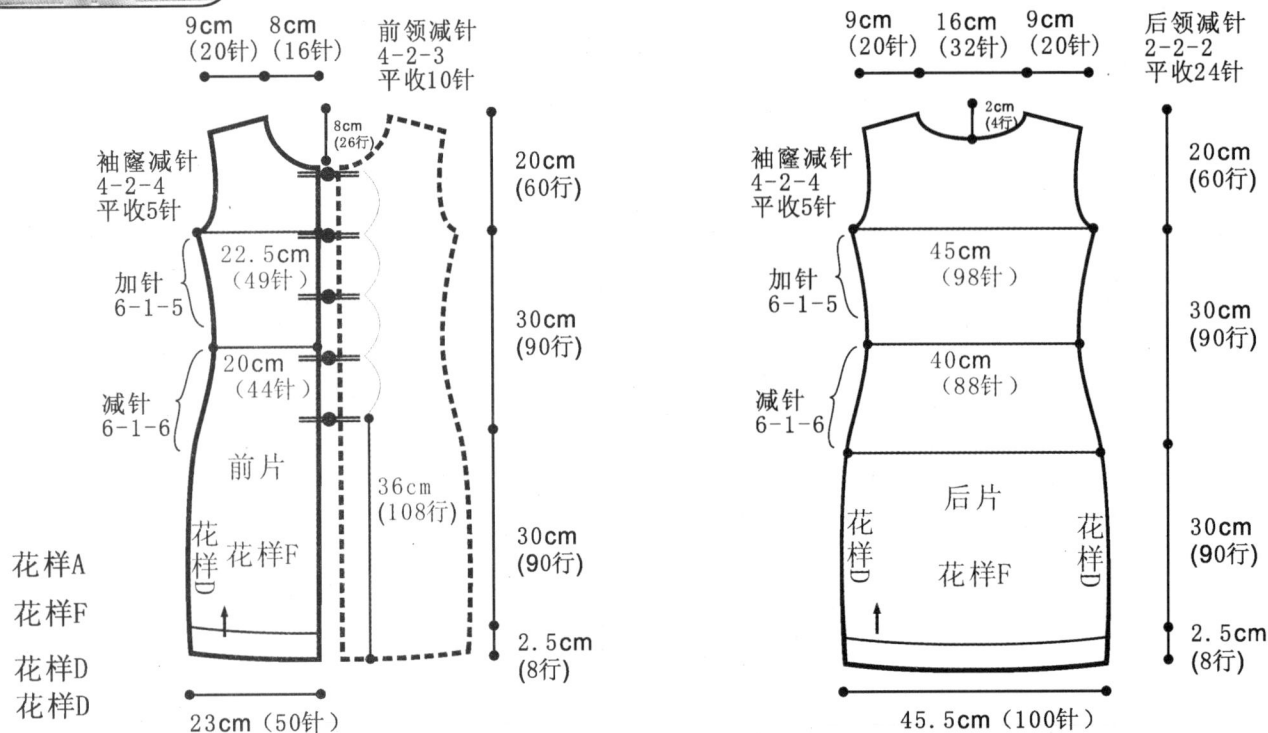

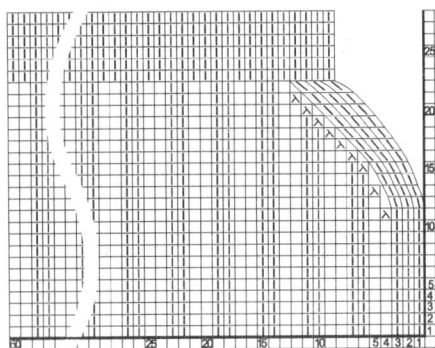

衣领针法图：

花样E针法图：

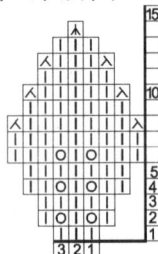

花样F针法图：

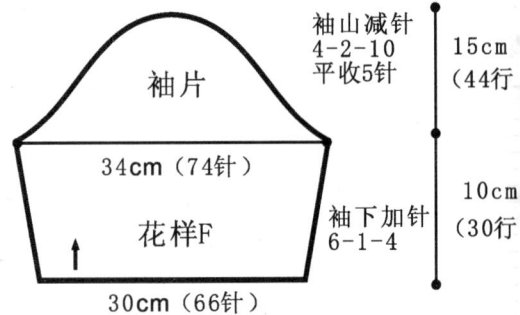

花样D针法图：

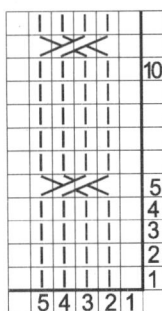

花样A针法图：

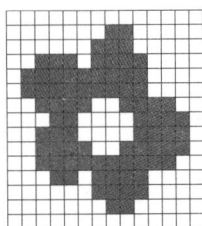

花样B针法图：

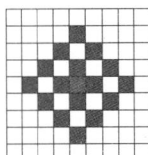

花样C针法图：

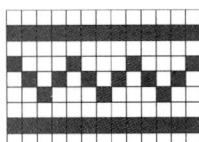

针法符号说明：

⃒ =下针	○ =加针
☐ =上针	人 =2针并1针
	入 =拨收1针
⧄⧄⧄ =2针右上交叉	
⧄⧄⧄ =2针左上交叉	

花的絮语

【成品规格】衣长81cm，胸围90cm，下摆92cm，肩宽33.5cm，袖长45cm
【工　　具】3.2mm棒针，2mm钩针
【材　　料】九色鹿米兰丝柔红色1622号和九色鹿小马海毛红色各500g，九色鹿米兰丝柔黑色和九色鹿小马海毛黑色各250g，绿色配线少许
【编织密度】22针×30行=10cm²
【编织要点】
　　毛衣分为前、后、袖、领几个独立的单元片。前、后片下部分均是从下摆起针往上织，注意要按图示加减针形成曲线。织到腰线位置和腰片相连接;前、后片上部分从腰片往上织。在下摆及袖口安置好另钩织的花和叶子。衣领另织。

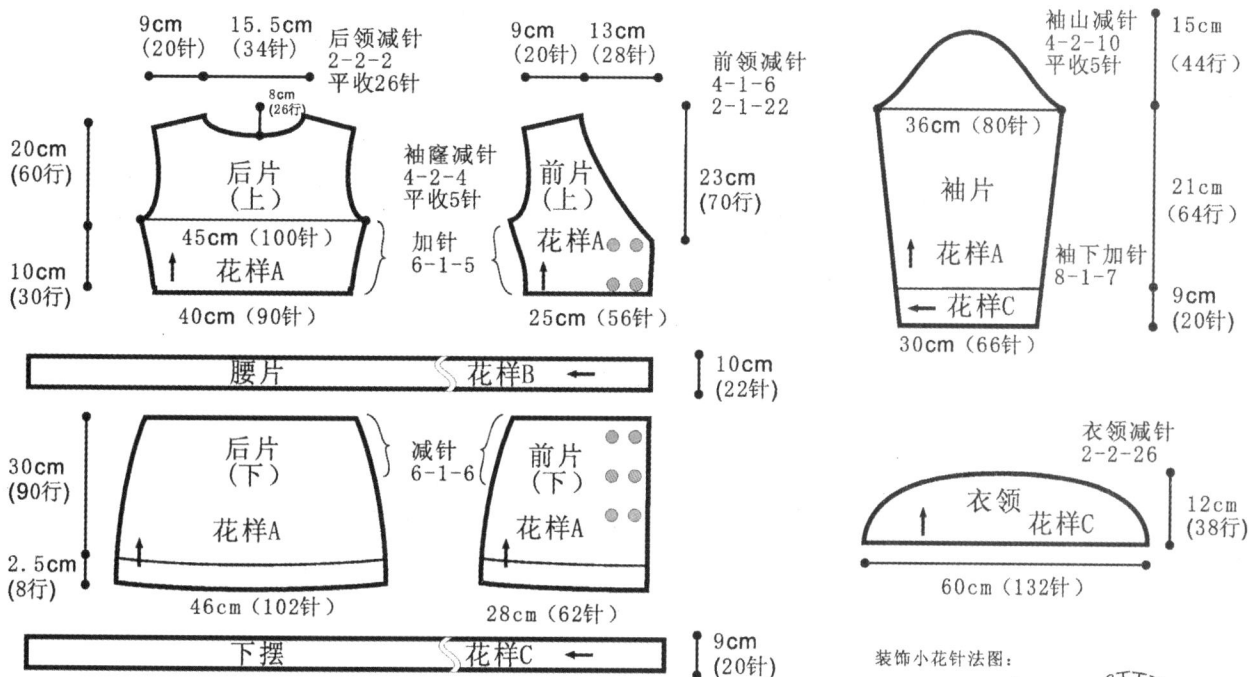

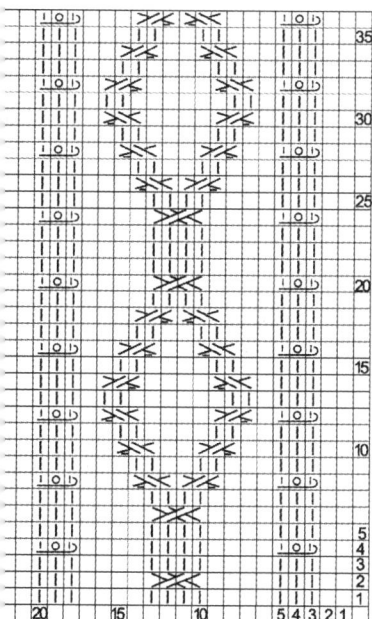

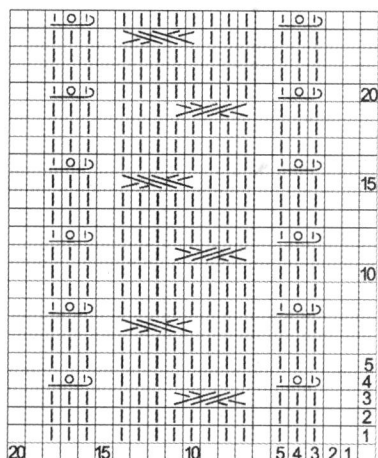

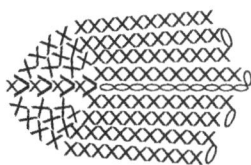

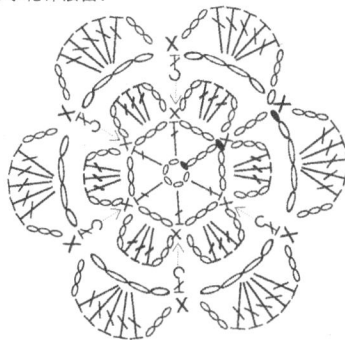

花样A针法图：

花样B针法图：

花样C针法图：

装饰叶子针法图：

装饰小花针法图：

针法符号说明：

| Ⅰ =下针 | □ =上针 | ⊙ =加针 | ◯ =锁针 |

=2针右上交叉

=2针左上交叉

=2下针和1上针左上交叉

=2下针和1上针右上交叉

×=短针

✕=引拔针

†=长针

|Ⅰ◯□|=将第3针挑起套在第3和第1针上；第1第2针织下针，在第1第2针之间要加1针。

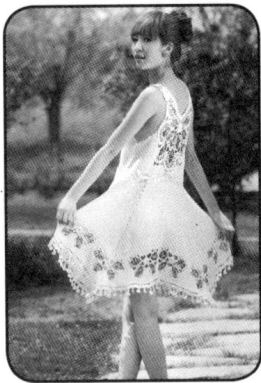

蝶舞青花

【成品规格】衣长82cm，胸围72cm，下摆92cm
【工　　具】普通钩针1.5mm，阿富汗地毯钩针2mm
【材　　料】九色鹿白色丝棉450g，钩编线段染蓝50g
【编织要点】

　　先分别按单元花样钩织并拼接好，然后从腰部起针往上钩织内、外长针，再从腰部往下钩织阿富汗针。
装饰花朵针法图以6花瓣为例，其他如5瓣、7瓣、8瓣均是在此基础上变化出来的。

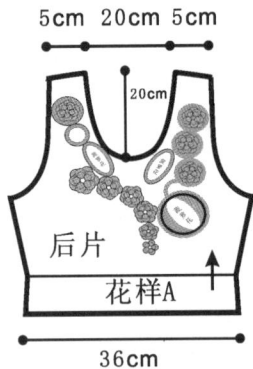

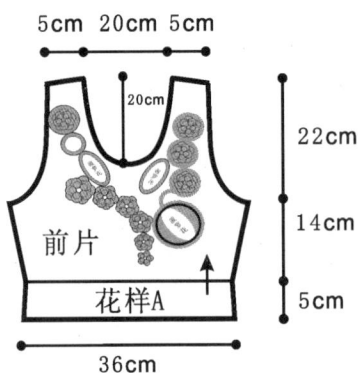

后片

5cm 20cm 5cm
20cm
22cm
14cm
5cm
花样A
36cm

前片

5cm 20cm 5cm
20cm
22cm
14cm
5cm
花样A
36cm

前、后片花样布置图：

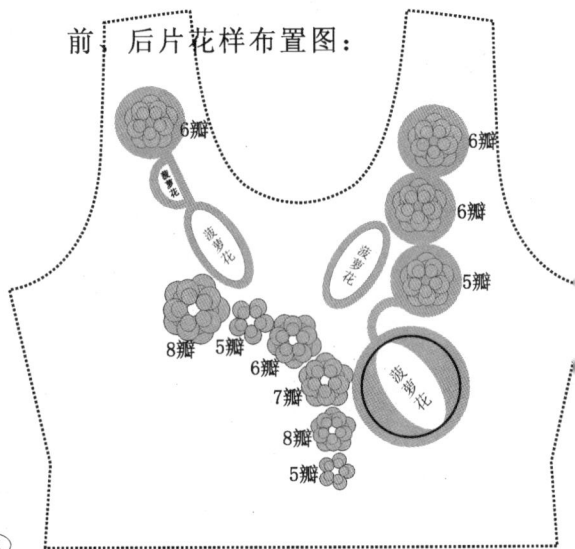

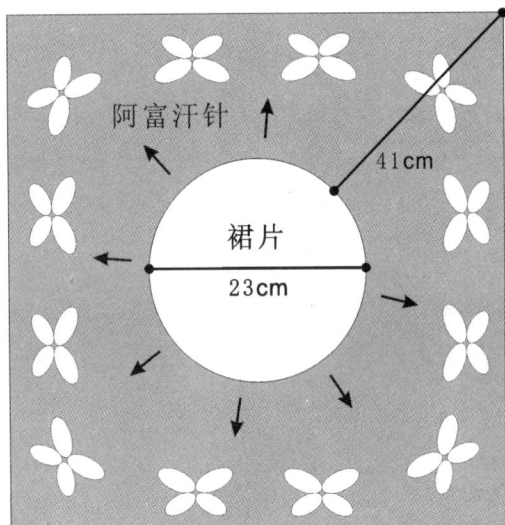

6瓣 6瓣 5瓣 8瓣 5瓣 6瓣 7瓣 8瓣 5瓣

阿富汗针

裙片
23cm
41cm

裙摆花样布置图：

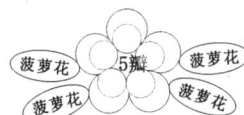

菠萝花 5瓣 菠萝花 菠萝花 菠萝花

菠萝花样针法图：

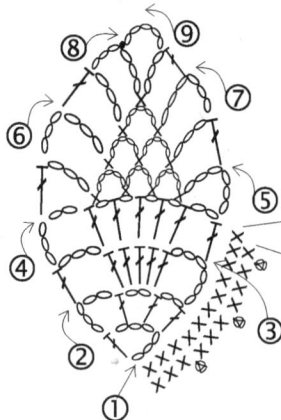

蓝色
白色

阿富汗针针法图：

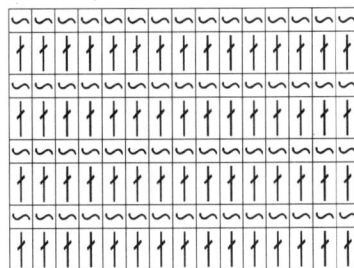

衣领及袖窿花边针法图：

花样A针法图：

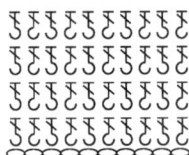

6瓣花样针法图：

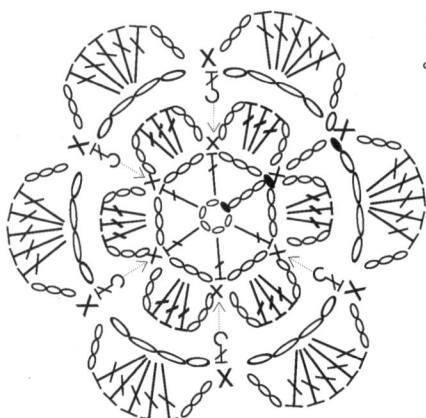

裙摆阿富汗针加针针法图：

针法符号说明：

◯=锁针　　　●=引拔针

✕=短针　　　┬=长针

ξ=外钩长针　　凵=回针

ξ=内钩长针　　╪=长针

深度魅惑

【成品规格】长110cm，宽55cm
【工　　具】4mm棒针，1.75mm钩针
【材　　料】九色鹿丝柔系列350g，合织2股同色系真丝线
【编织密度】20针×30行=10cm²
【编织要点】
　　衣服非常简单：两个单元片的一侧，通过多个扣子相连接。难点在于单元花样A的花瓣数目是每层递增一个。具体操作方法详见单元花样分解图。

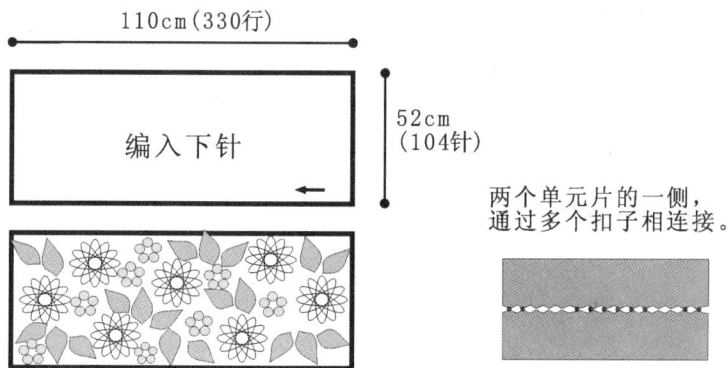

110cm(330行)

编入下针

52cm
(104针)

两个单元片的一侧，
通过多个扣子相连接。

单元花样A针法分解图：

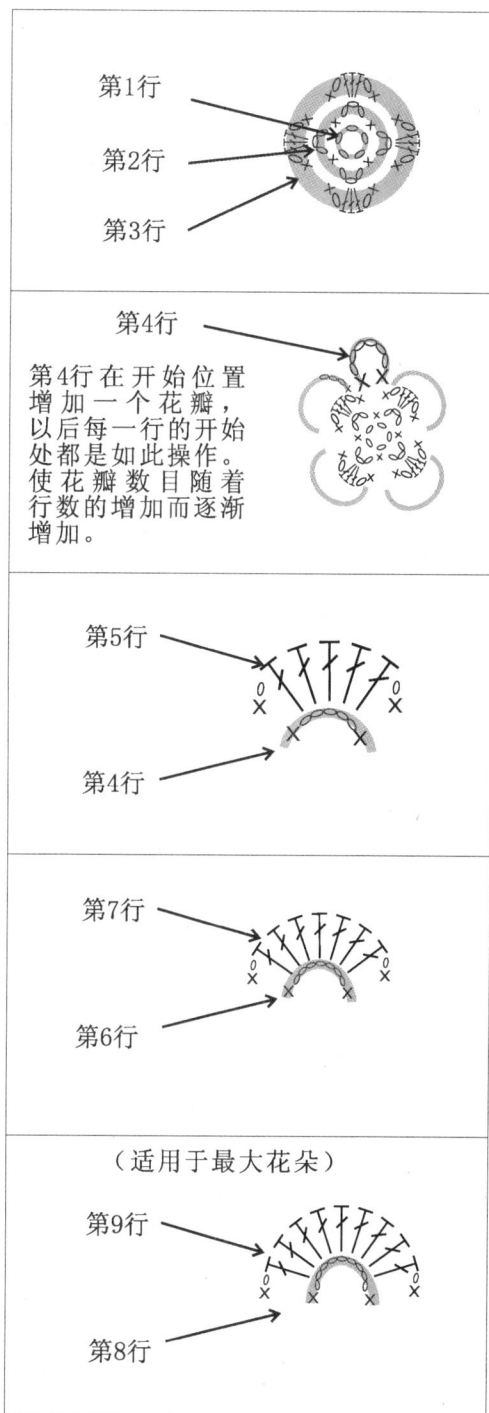

第1行
第2行
第3行

第4行
第4行在开始位置
增加一个花瓣，
以后每一行的开始
处都是如此操作。
使花瓣数目随着
行数的增加而逐渐
增加。

第5行
第4行

第7行
第6行

单元花A样针法图：

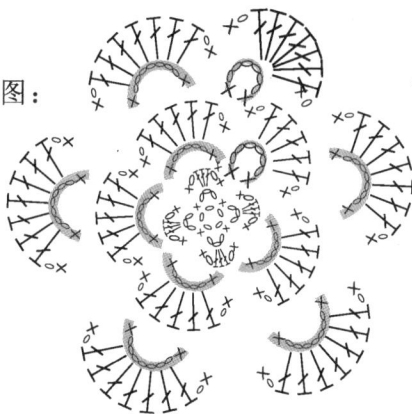

叶子针法注流程图：

①
②

③
④

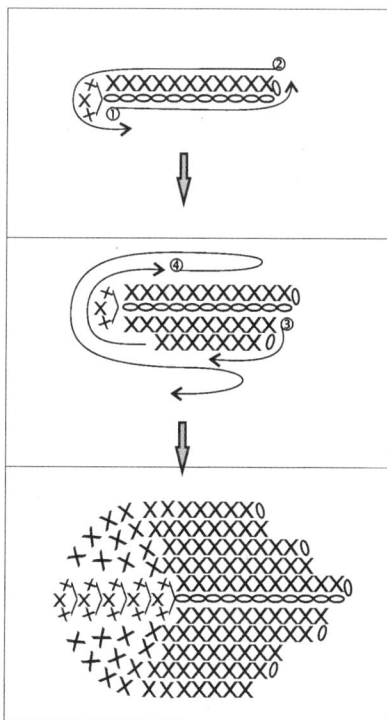

单元花B样针法图：

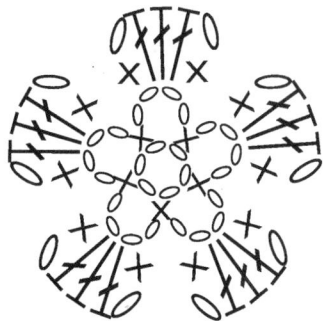

针法符号说明：

○ =锁针　　● =引拔针

✕ =短针　　Ｔ =长针

（适用于最大花朵）
第9行
第8行

黑与白

【成品规格】衣长88cm，袖长43cm
【工　　具】11号、12号、13号棒针各一付
【材　　料】九色鹿青藏雪貂白色150g，黑色600g
【编织要点】

1. 用13号针起272针，第一排全上针，第二排全下针，然后编织花样B，平均留10个纽扣洞，均加针至280针，按图织下针，最后一行前片两边各加一针，共4针，针数加到284针，换12号针织花样A。
2. 领子先从后面挑52针折回织，两边每次来回在领窝挑2针。
3. 袖子在缝合后的袖隆处挑针，先挑40针每个折回两边各挑2针，直至挑完。每10行腋下中线两侧左右各减1针。
4. 裙子从上向下织，裙腰用13号针织的空心针，然后用12号，最后用11号针。

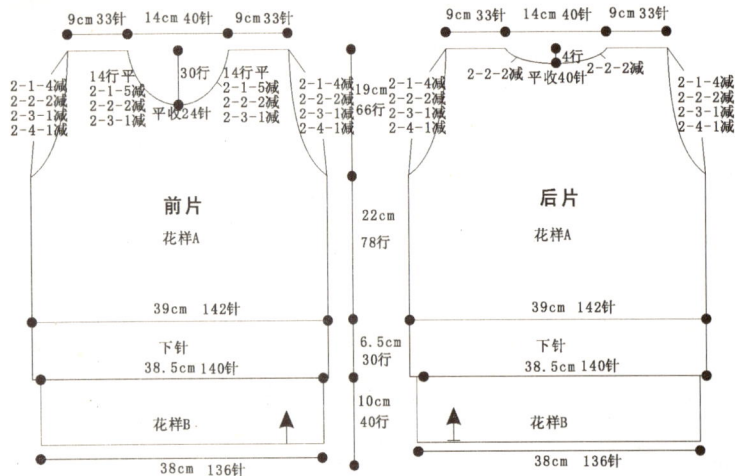

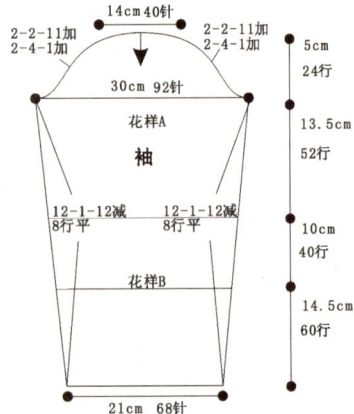

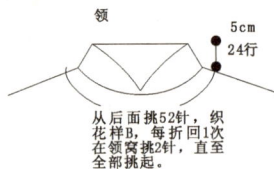

领

从后面挑52针，织
花样B，每折回1次
在领窝挑2针，直至
全部挑起。

花样A

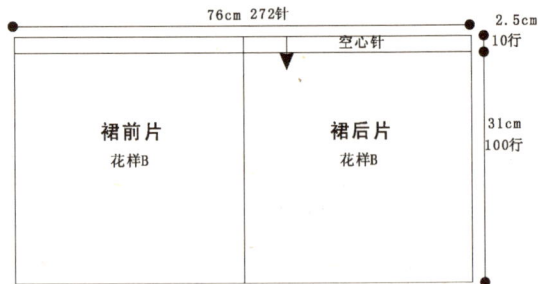

花样B

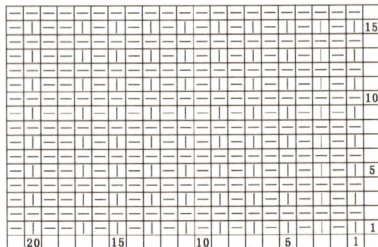

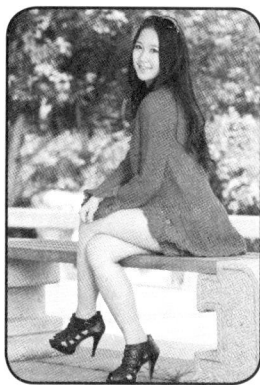

枝繁叶茂花盛开

【成品规格】衣长64cm，肩宽37cm，胸围80cm，袖长52cm
【工　　具】3.5mm棒针，3mm钩针，4mm钩针，2.5mm钩针
【材　　料】九色鹿羊绒线 350g
【编织密度】20针×30行=10cm²
【编织要点】

此款衣服结构简单但针法复杂多变。基本结构由一个六角形的单元片和两个袖片组成。具体针法的操作方法详见单元花样针法图。用绕环起针法起6针，均匀分布在3根棒针上，拉紧尾线，使之形成一个小圆，用"饼状环织"的方法从中心往外编织。注意图解上标示出的仅为1/6花样。所以要按图解上所标的符号重复5次进行编织，总共织6次。

从中心往外编织到直径够1/2胸围时：形成一个正六边形，此时必需把肩部所需尺寸用折返编织的方法，边织补充好肩部所需尺寸。

编织方法为：用另线起针方法（也可用手指绕线加针法）起好前面袖窿所需尺寸，用片织的方法补充前片肩部所需尺寸。

缝合肩部：把领子部分的针挑起来继续"环织"把大花恰当地安置在领子左、右及后面。注意：把领子和身子部分以一"正"、一"反"来处理，这样能使领子翻下来时是正面朝外。在编织的时候要注意针法的调整。

袖口要取大片中的1/6大花作为袖口部分。

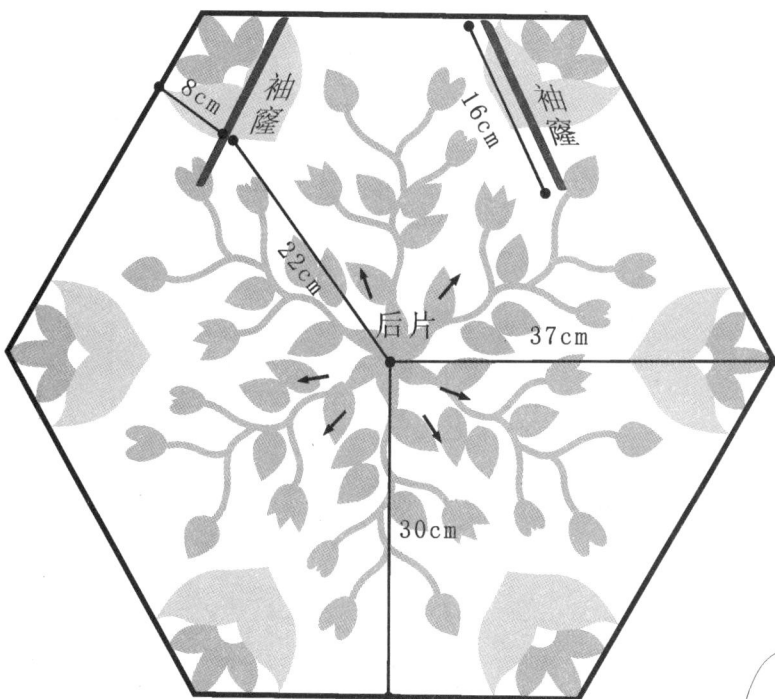

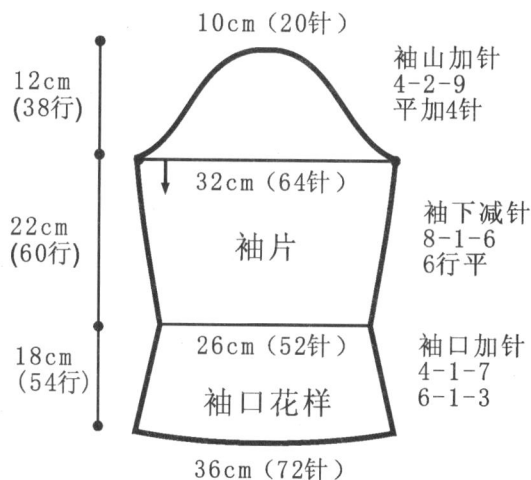

8cm　袖窿　16cm　袖窿
22cm
后片
37cm
30cm

10cm（20针）
12cm（38行）
袖山加针
4-2-9
平加4针
32cm（64针）
22cm（60行）
袖片
袖下减针
8-1-6
6行平
18cm（54行）
26cm（52针）
袖口花样
袖口加针
4-1-7
6-1-3
36cm（72针）

衣袖针法图：

针法符号说明：

| = 下针
人 = 2针并1针
右3针并1针
右4针并1针
右6针并1针
人 = 中上3针并1针
Ｖ = 1针放成4针

□ = 上针
Ｑ = 扭下针
Ｏ = 加针
入 = 拨收1针
右3针并1针
左4针并1针
左6针并1针
Ｖ = 1针放成3针

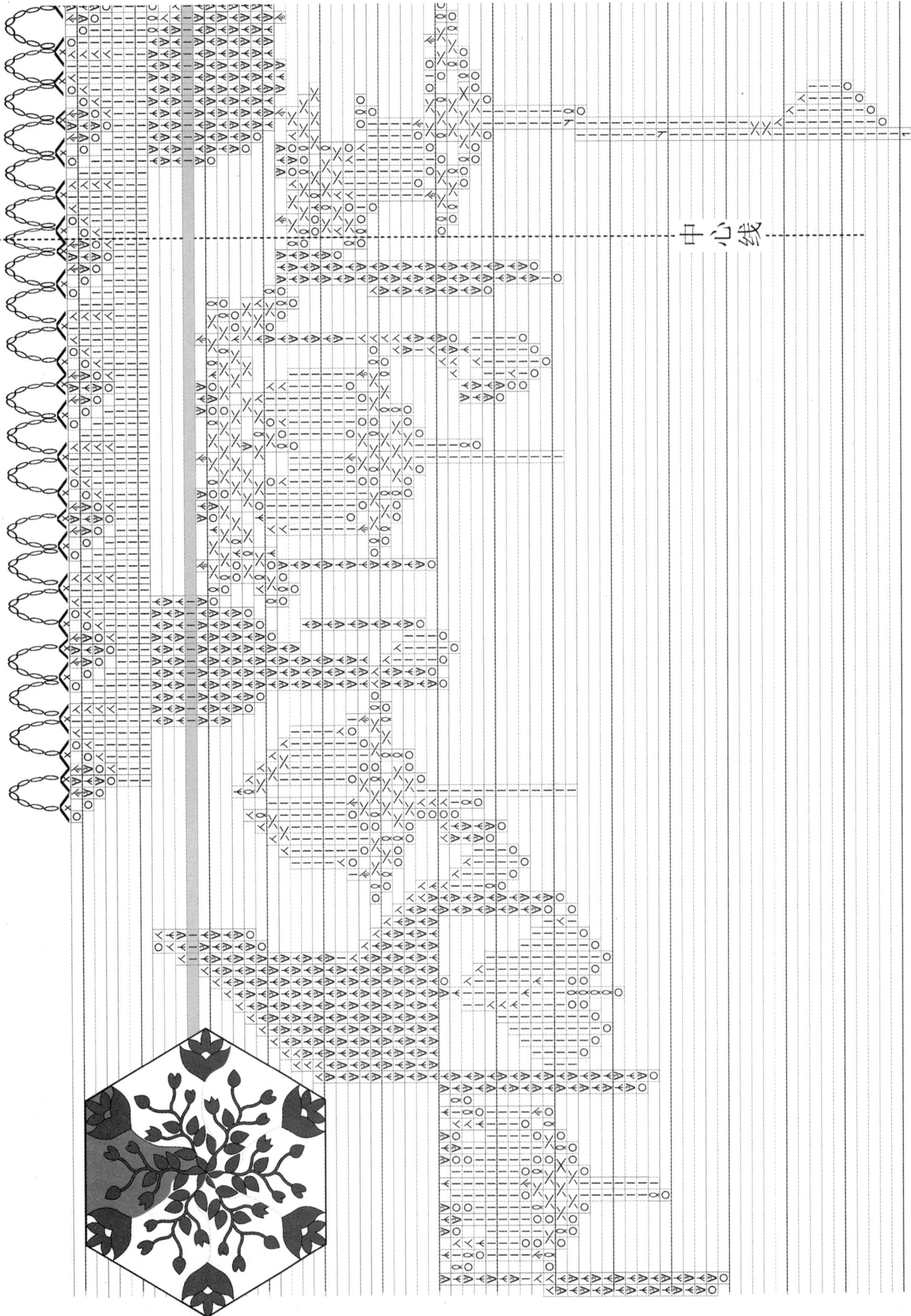

中心线

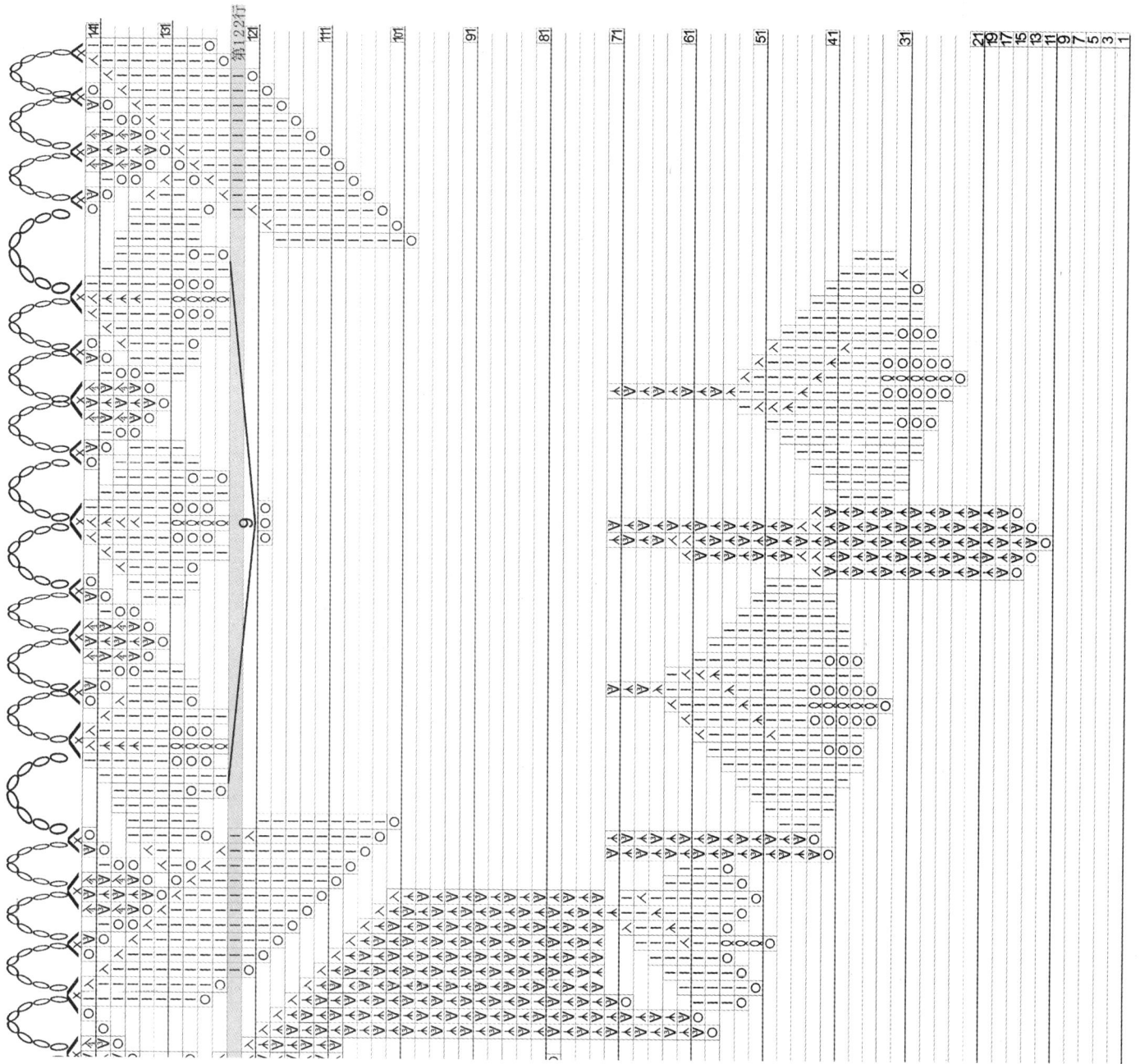

说明：
1. 全图只绘出奇数行的针法图，偶数行全为下针故在此略过。（第122行是全图中唯一绘出的偶数行）。
2. 针法图解为整体花样的1/6部分（既下图中的灰色部分）。
3. 一般来讲，每个方格代表1针，但第122行例外：上1行是3针下针的仍织3针下针，上1行是1针下针的仍织1针下针。

毒玫瑰

【成品规格】衣长52.5cm，胸围70cm，袖长26cm
【工　　具】2.0mm钩针一根
【材　　料】九色鹿花线200g，九色鹿索菲亚200g，其他线200g

【编织要点】

1. 按结构图以及单元花图解钩出各式单元花。
2. 用小辫针及长针和短针按结构图将花片连接在一起。
3. 领口和袖口用毛皮做装饰。

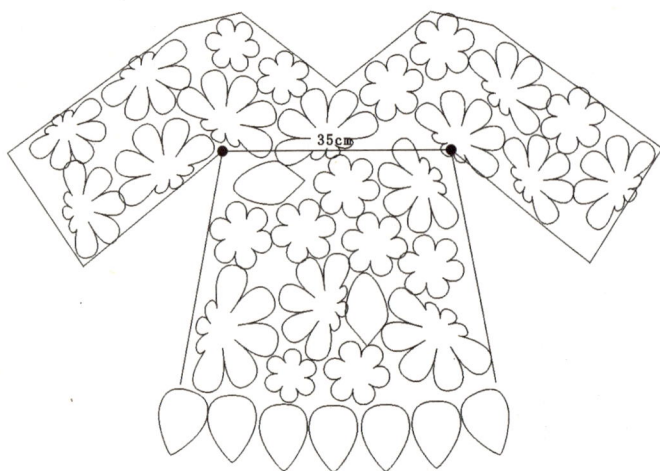

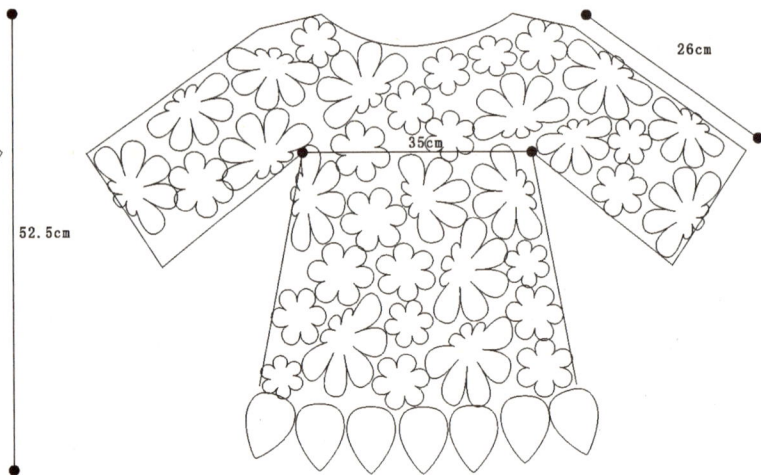

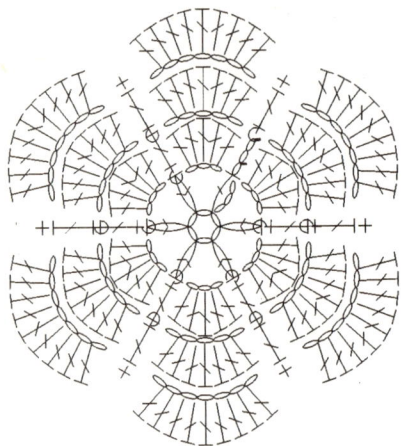

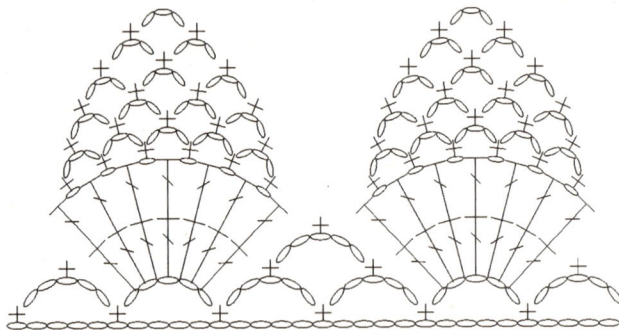

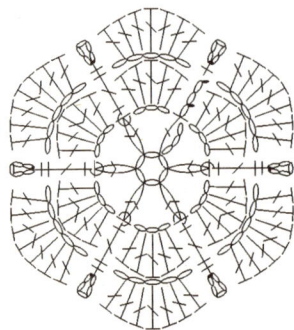

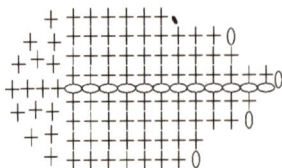

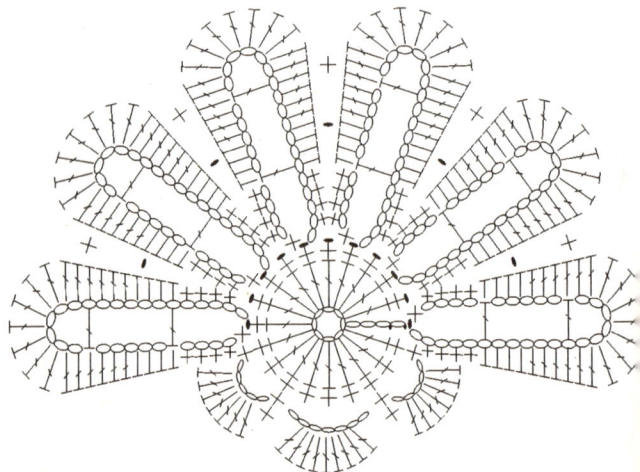

旗袍系列之云图腾

【成品规格】衣长76cm，胸围84，肩宽41cm，下摆84cm，束腰72cm
【工　　具】4mm棒针，1.5mm钩针
【材　　料】九色鹿超细纯毛线双股，粉红色300g，白色15g
【编织密度】27针×32行=10cm²
【编织要点】
　　旗袍分为前、后、领几个单元片。前片从下摆起针往上织，注意要按图示加减针形成曲线。后片加减针同前片；但到后领处要分为左右两片来织。最后在前片相关位置分别按相关花样针法图用手针在相应位置上绣上云朵及图腾。在衣领处钩一行逆短针就可完成。

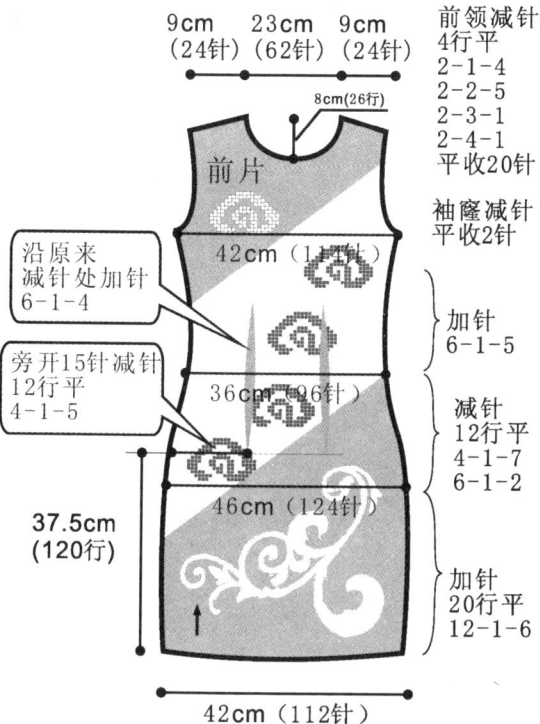

9cm　23cm　9cm
（24针）（62针）（24针）

8cm(26行)

前片

前领减针
4行平
2-1-4
2-2-5
2-3-1
2-4-1
平收20针

3cm(10行)

18cm
(58行)

沿原来减针处加针
6-1-4

42cm（114针）

袖窿减针
平收2针

加针
6-1-5

20cm
(64行)

旁开15针减针
12行平
4-1-5

36cm（96针）

减针
12行平
4-1-7
6-1-2

35cm
(112行)
对折部分
另加6～8行

46cm（124针）

37.5cm
(120行)

加针
20行平
12-1-6

42cm（112针）

配色方案：

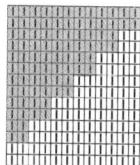

衣领花样针法图：

5
4
3
2
1
5 4 3 2 1

侧缝花样针法图及
侧缝加减针示意图：

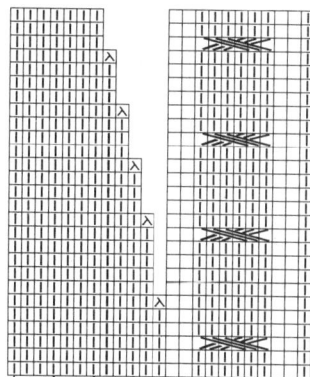

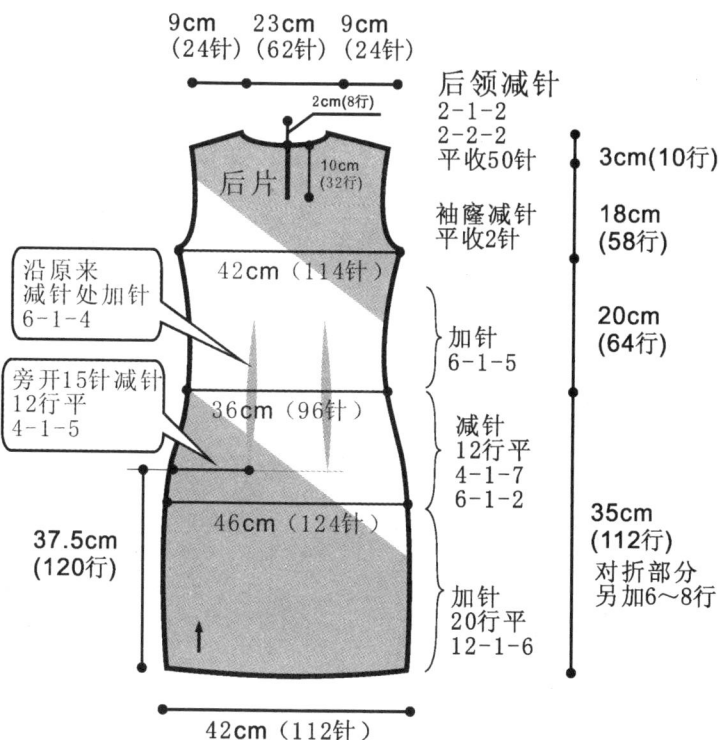

5cm
(14行)　↑1/2衣领

领角减针
2-1-1
2-2-2

20cm（55针）

9cm　23cm　9cm
（24针）（62针）（24针）

2cm(8行)

后领减针
2-1-2
2-2-2
平收50针

后片

10cm
(32行)

3cm(10行)

袖窿减针
平收2针

18cm
(58行)

42cm（114针）

沿原来减针处加针
6-1-4

加针
6-1-5

20cm
(64行)

旁开15针减针
12行平
4-1-5

36cm（96针）

减针
12行平
4-1-7
6-1-2

46cm（124针）

35cm
(112行)
对折部分
另加6～8行

37.5cm
(120行)

加针
20行平
12-1-6

42cm（112针）

针法符号说明：

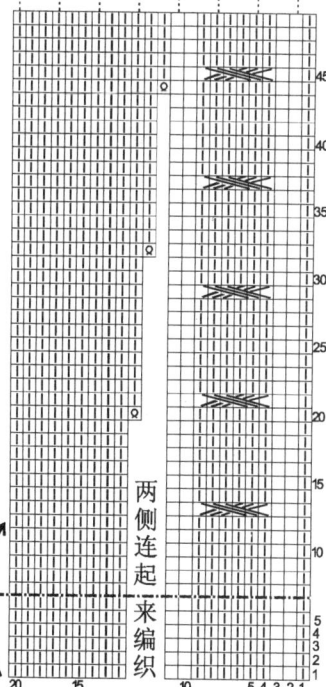

Ι	=下针
□	=上针
Ο	=加针
Λ	=2针并1针
⅄	=拨收1针
Ꝺ	=扭加针

=3针右上交叉

45

40

35

30

25

20

15

10

两侧连起来编织

沿对折线向上
对折成双层

20　　15　　10　　5 4 3 2 1

纽珠的制作方法：

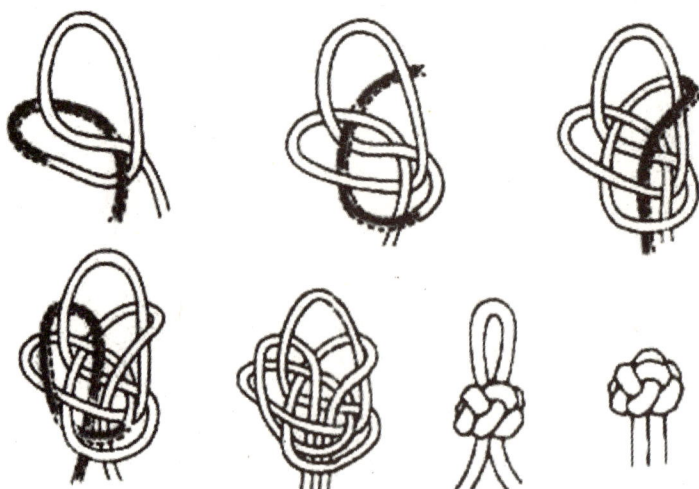

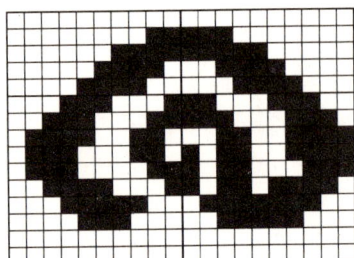

青果倾城

【成品规格】衣长107cm，胸围84cm，袖长58cm，肩宽35cm
【工　　具】6号碳化棒针一付
【材　　料】黑貂大衣线1500g
【编织要点】

　　1. 按图后片起174针，前片起89针，由下向上编织花样A，同时侧面每2行减1针织80行后织下针，按图侧边继续减针。

　　2. 按图留袖窿及领窝以及织袖片。

　　3. 将织好的衣片缝合，用棒针挑门襟及衣领，按图解编织，织8行后衣领部分每2行留6针，反复4次，最后一并收针。

　　4. 另起针织两片衣兜，缝在相应位子，另外起8针织单罗纹织腰带，将长形衣扣起与扣相同长度的小辫针，用钩针钩3～4行长针包住，缝在衣服上。

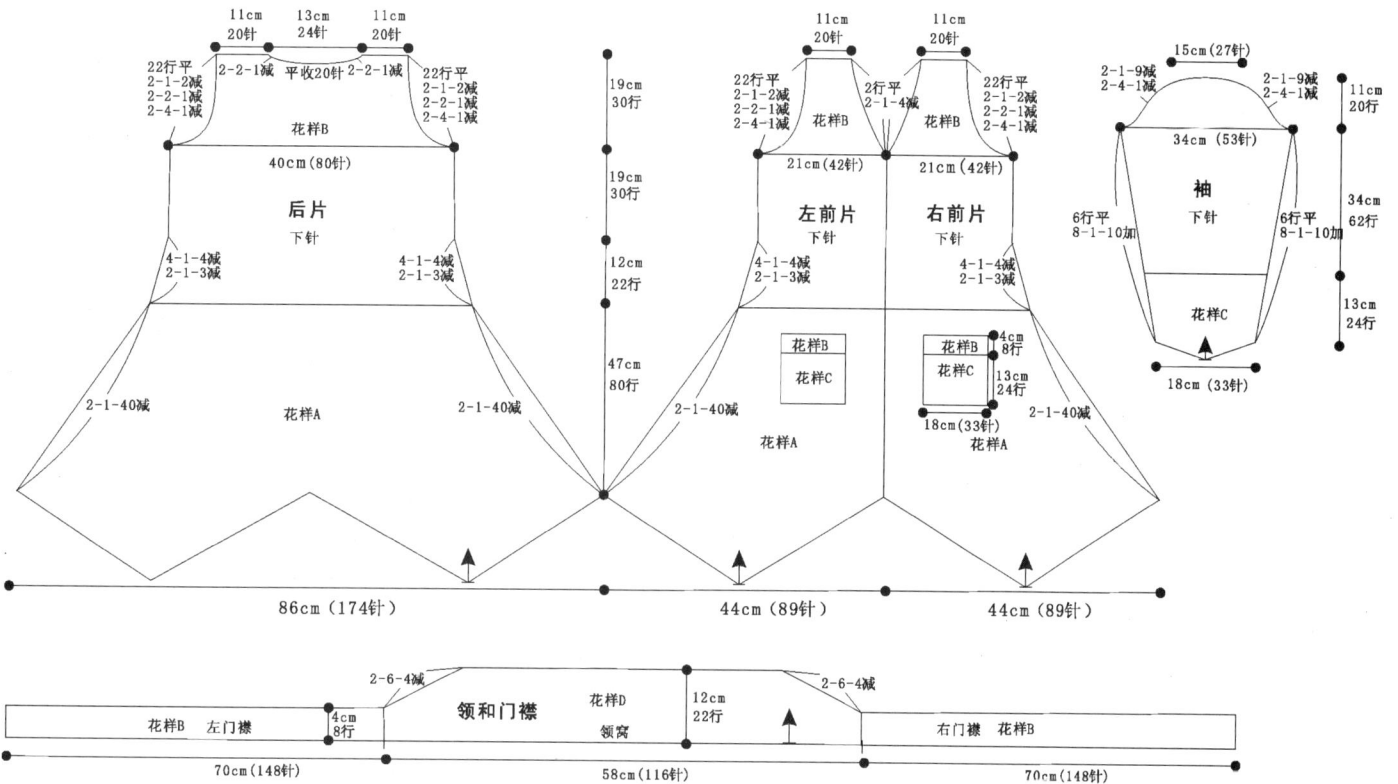

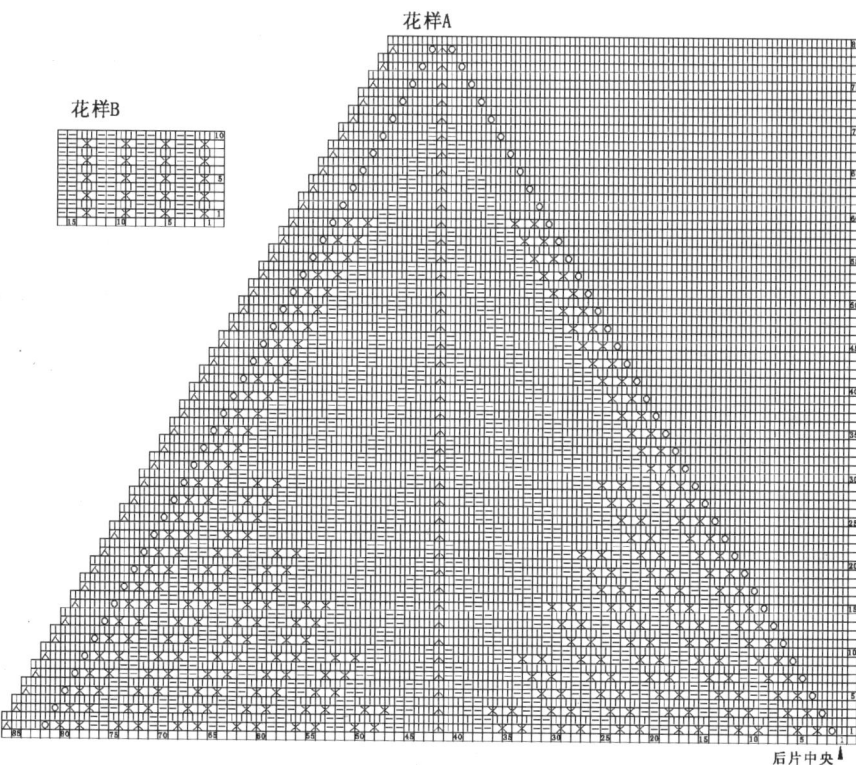

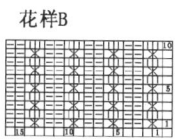

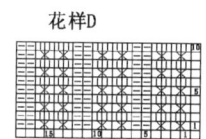

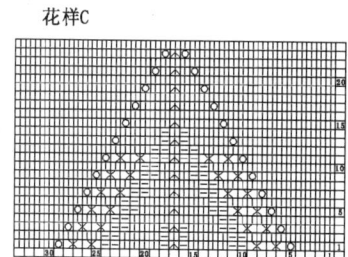

花样A

花样B

花样C

花样D

结缘

【成品规格】衣长82cm，胸围72cm，下摆92cm，肩宽36cm，袖长62cm
【工　　具】11号循环针一副
【材　　料】九色鹿米兰丝柔黑色400g，红色100g
【编织密度】30针×40行=10cm²
【编织要点】
　　衣服从下摆起针采用双色编织方法。在腋下和红色部分都要按图示进行减针。前片织到袖窿开始之前要分成左右两片编织，最后在衣领周围按相关针法图钩织花边。在中国结图形下安装好吊穗。

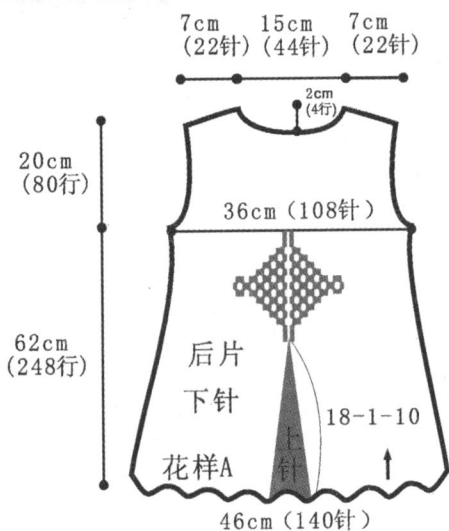

7cm
（22针）　15cm（44针）　7cm（22针）

2cm
（4行）

20cm
（80行）

62cm
（248行）

36cm（108针）

后片
下针

花样A

18-1-10

46cm（140针）

后领减针
2-2-2
平收36针

袖窿减针
4-1-2
2-2-2
平收4针

腋下减针
24行平
28-1-8

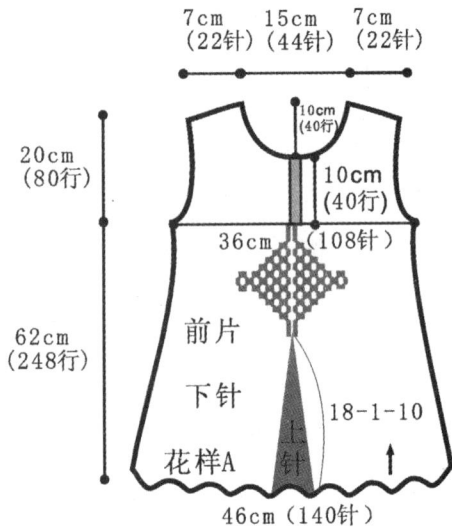

7cm
（22针）　15cm（44针）　7cm（22针）

10cm
（40行）

10cm
（40行）

20cm
（80行）

62cm
（248行）

36cm（108针）

前片
下针

花样A

18-1-10

46cm（140针）

前领减针
4-1-2
2-2-3
2-3-1
2-4-2
平收6针

袖窿减针
4-1-2
2-2-2
平收4针

腋下减针
24行平
28-1-8

衣领花样针法图：

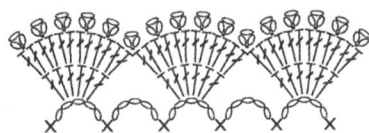

下摆花样针法图：

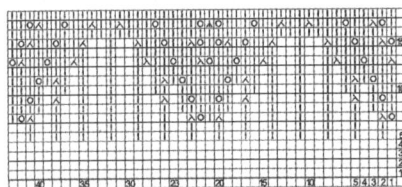

10cm
（42行）

52cm
（208行）

袖片

35cm（106针）

下针

花样A

8-1-8

38cm（116针）

袖山减针
4-2-10
平收5针

袖下加针
12-1-6

袖下减针
14-1-6

中国结针法图：

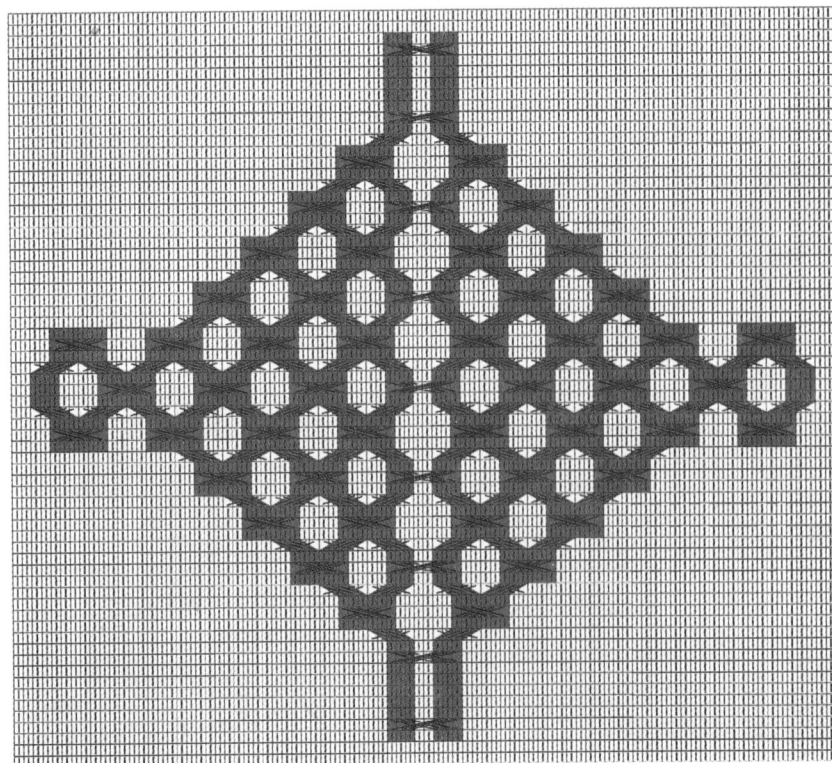

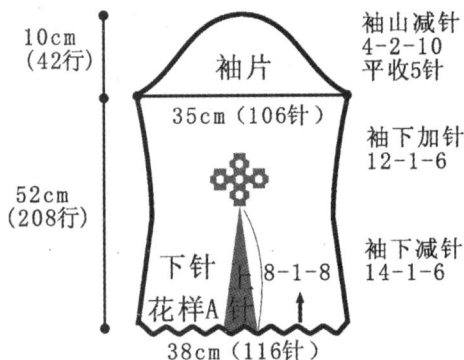

针法符号说明：

⊝=锁针　　　　　●=引拔针
✕=短针　　　　　↑=长针
│=下针　　　　　人=2针并1针
□=上针　　　　　⋋=拨收1针
O=加针　　　　　■=红色线

=3针下针和2针下针
右上交叉

=3针下针和2针下针
左上交叉

=3针下针右上交叉

=3针下针左上交叉

096　九色鹿杯编织人生编织大赛作品集

深蓝色的童话故事

【成品规格】衣长83cm，胸围86cm，袖长63cm
【工　　具】2.0mm钩针一根
【材　　料】九色鹿米兰系列深蓝色1000g
【编织要点】
　　1.后片按结构图以及单元花图解钩出各式单元花，然后拼接在一起。
　　2.前片钩前片花样，按图解留袖窿然后继续钩到半个领窝的高度，左前片与右前片顶部相连接。
　　3.按图解钩袖，和后片前片缝合在一起。

后片

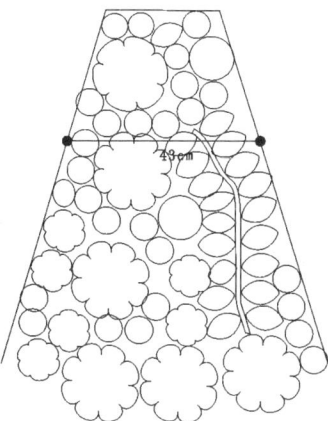

49cm

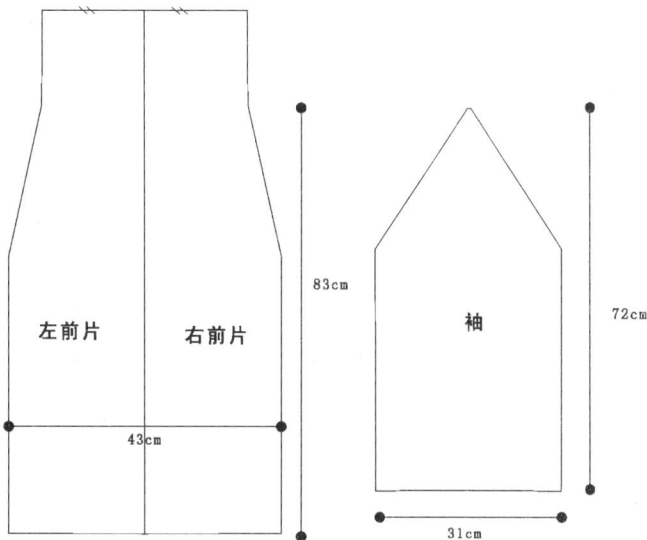

83cm

左前片　右前片

43cm

袖

72cm

31cm

袖笼和领的减针方法

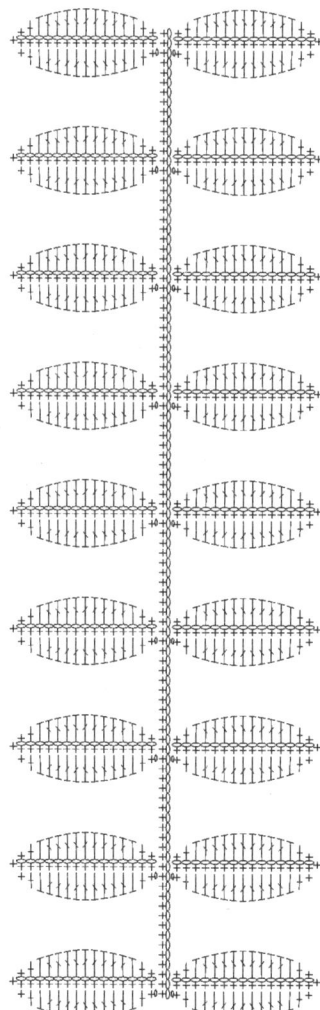

袖的钩法

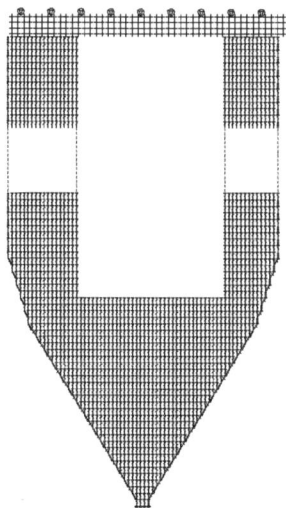

前片花样

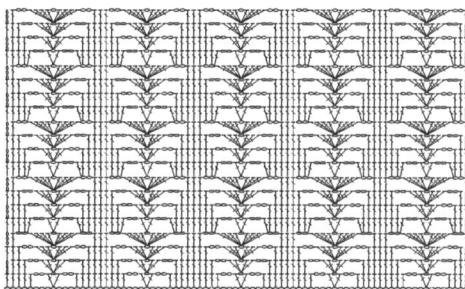

单元花钩法

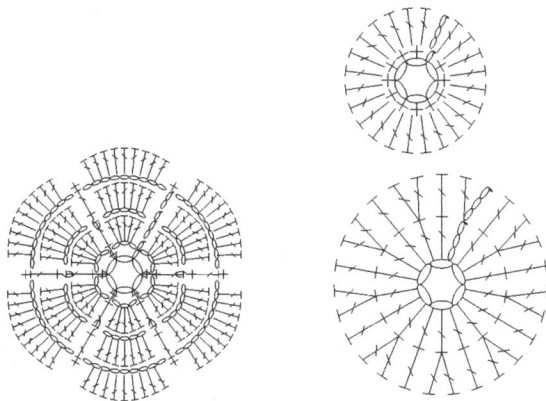

心然春天里

【成品规格】衣长80cm，胸围96cm
【工　　具】0.75mm，1.0mm，1.5mm钩针
【材　　料】九色鹿9100钩针系列225g，配线约50g
【编织要点】
　　从腋下起头往两端钩织。先自上而下在每行利用长针的增减来灵活控制上小下大的曲线形状。到下摆处通过自然加针，形成小摆。同样所采用的钩针也是从下到大，越到下摆处所用钩针就越大。然后再往上钩织前、后上胸围处。最后钩衣领单元花，门襟钩织3行短针。

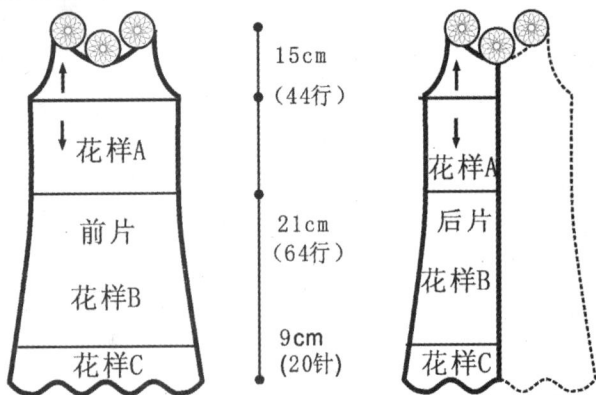

针法符号说明：

○ =锁针　　　Ŧ =长针

× =短针　　　Ĥ =2针长针并为1针

⬮ =引拔针　　ḿ =3针长针并为1针

花样B针法图：

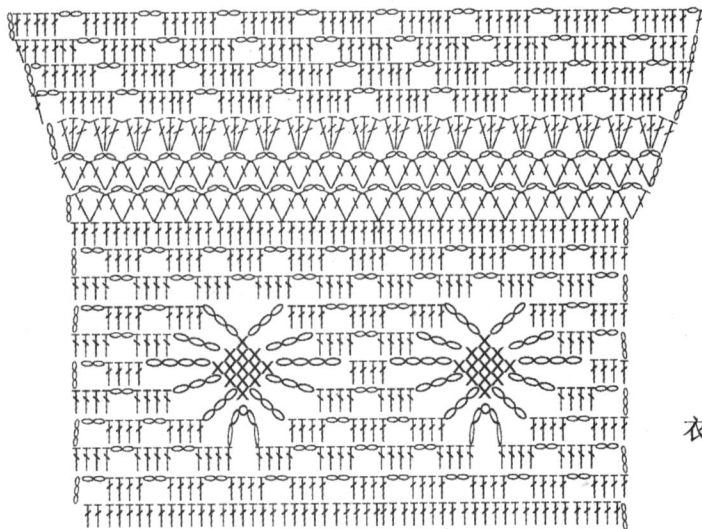

花样C针法图：

衣领单元花样针法图：

花样A针法图：

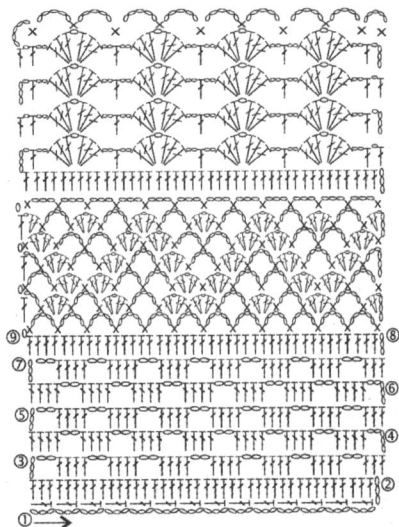

爱琴海

【成品规格】衣长56cm，胸围68cm，袖长53cm，肩宽

【工　　具】11号、13号棒针各一付，1.5mm钩针一支

【材　　料】黑色羊绒线50g，黑色九色鹿丝绵线300g

【编织要点】

　　1. 从领口开始，由上向下开始编织，用11号棒针起针，织双罗文，织4行双罗纹后换13号棒针编织，织到2倍领的高度。在每组上针上加1针，也就是每4针加1针上针，在织4cm后收针。

　　2. 换丝绵线，在织好的领上按图解用钩针钩圆肩部分，钩好后串上13号棒针继续织圆肩织到相应高度分前后片及袖，后片多织6行，腋下各加16针，环织衣片及袖片。

　　3. 另起针按图解钩花边缝在衣片下摆及袖口。

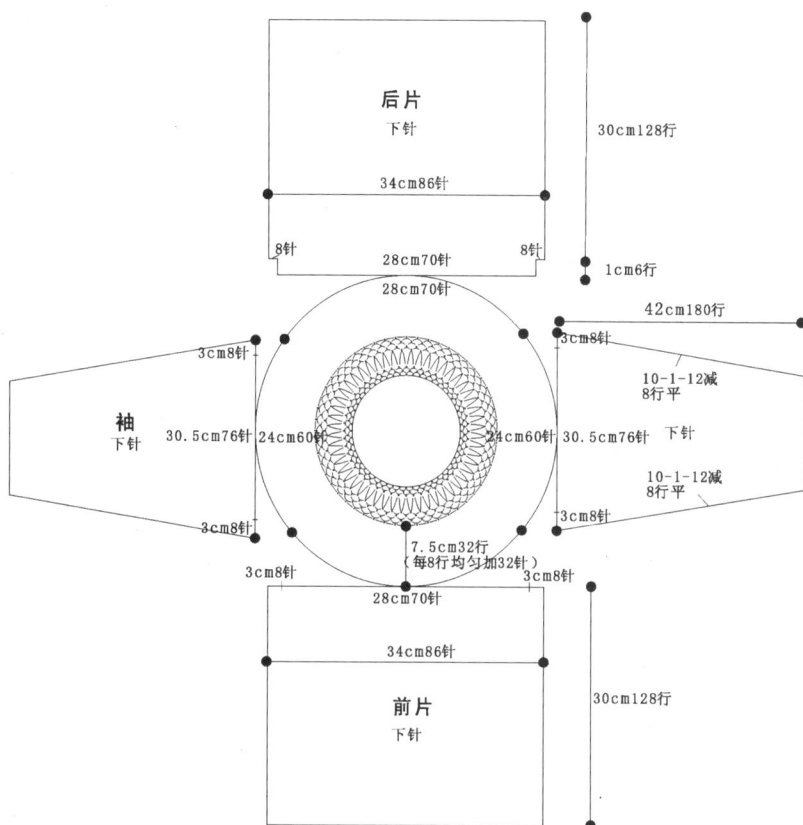

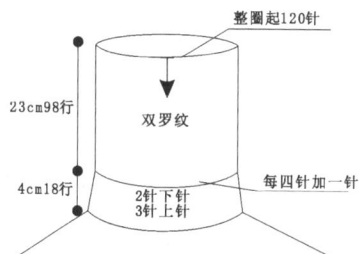

后片
下针
30cm128行
34cm86针
8针　28cm70针　8针
1cm6行
28cm70针

整圈起120针
23cm98行　双罗纹
4cm18行
每四针加一针
2针下针
3针上针

袖
下针
3cm8针
30.5cm76针
24cm60针
3cm8针

42cm180行
3cm8针
10-1-12减
8行平
下针
10-1-12减
8行平
3cm8针

7.5cm32行
（每8行均匀加32针）

3cm8针
28cm70针
3cm8针
34cm86针

前片
下针
30cm128行

圆肩钩针部分

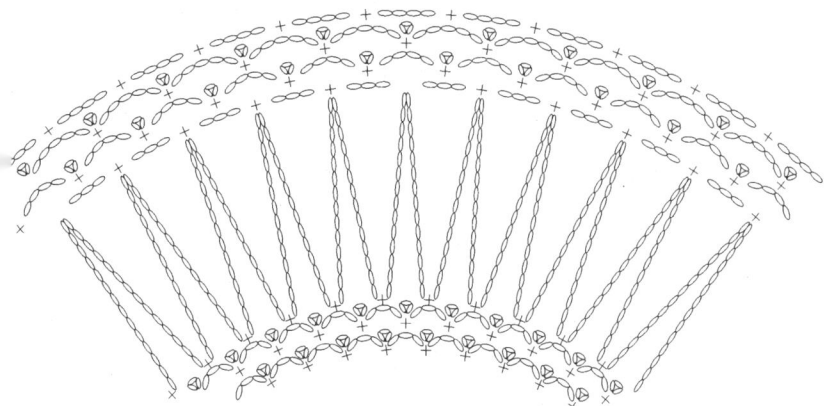

袖口和衣下摆花边

百变女郎

【成品规格】长100cm，宽30cm
【工　　具】3.6mm棒针，2.0mm钩针
【材　　料】九色鹿丝棉线300g
【编织密度】20针×25行=10cm²
【编织要点】

1. 起61针，织248行（花样见图解），然后挑边，圈织。两头1针挑1针，边上2辫子挑3针，共挑484针。

2. 织边的花样（花样见图解），然后收针。用钩针收，2针并1针收，钩3针辫子的狗牙1个，钩2针辫子，又2针并1针收，再钩一个3针辫子的狗牙——以此类推把针全收了。

3. 扣子上钩小带子相连，钩20cm长的带子1跟，长度可以根据自己喜好调节。

260cm（484针）

花样B

两片

100cm（248行）

两片

花样A

衣领

30cm（61针）

花样A针法图：

花样B针法图：

棒针针法符号说明：

| | =下针　　　　O =加针

□ =上针　　　　入 =2针并1针

人 =拨收1针

近春

【工　　具】6号、10号棒针各一付
【材　　料】九色鹿小马海毛8001色200g
【编织要点】
1. 起622针用10号棒针按图解织底边。底边织22行。
2. 底边织好后在中间挑起186针、折回织，按图解加针顺序两边边织边挑，直至两边同时挑完。

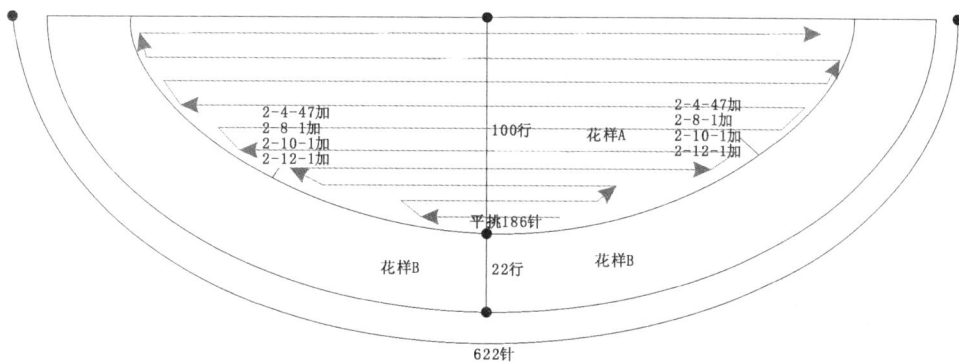

2-4-47加
2-8-1加
2-10-1加
2-12-1加

100行　　花样A

2-4-47加
2-8-1加
2-10-1加
2-12-1加

平挑186针

花样B　　22行　　花样B

622针

花样A

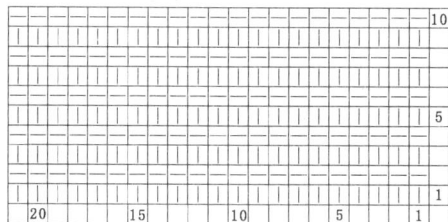

花样B

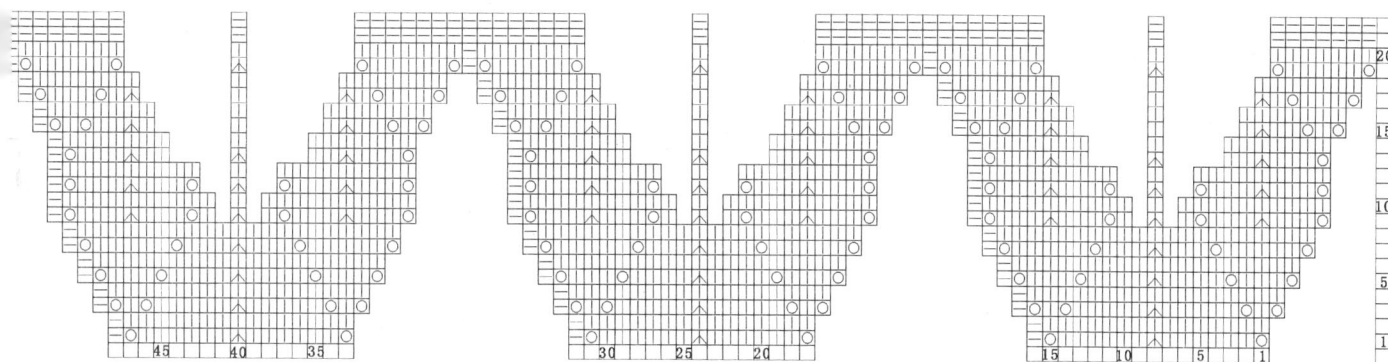

飘逸

【成品规格】衣长62cm，袖长39cm
【工　　具】9号环针一付，9号棒针一付
【材　　料】九色鹿维多利亚花色线500g
【编织要点】
　　此款为桌布衣，由中间部位按5根针起针方法起针，按图解花样编织6组，并在相应位置留出袖口，衣片织完后在袖口挑针，织出相应长度。

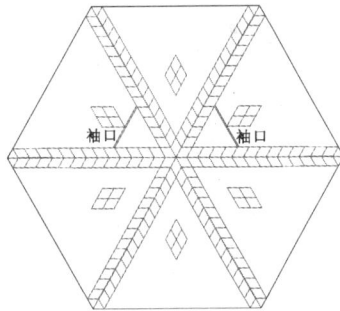

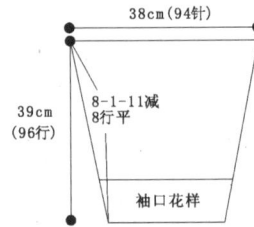

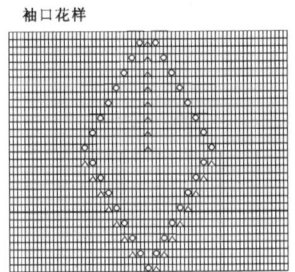

袖口

袖口

38cm（94针）

39cm
（96行）

8-1-11减
8行平

袖口花样

袖口花样

袖口中间位置

1/6的花样编织

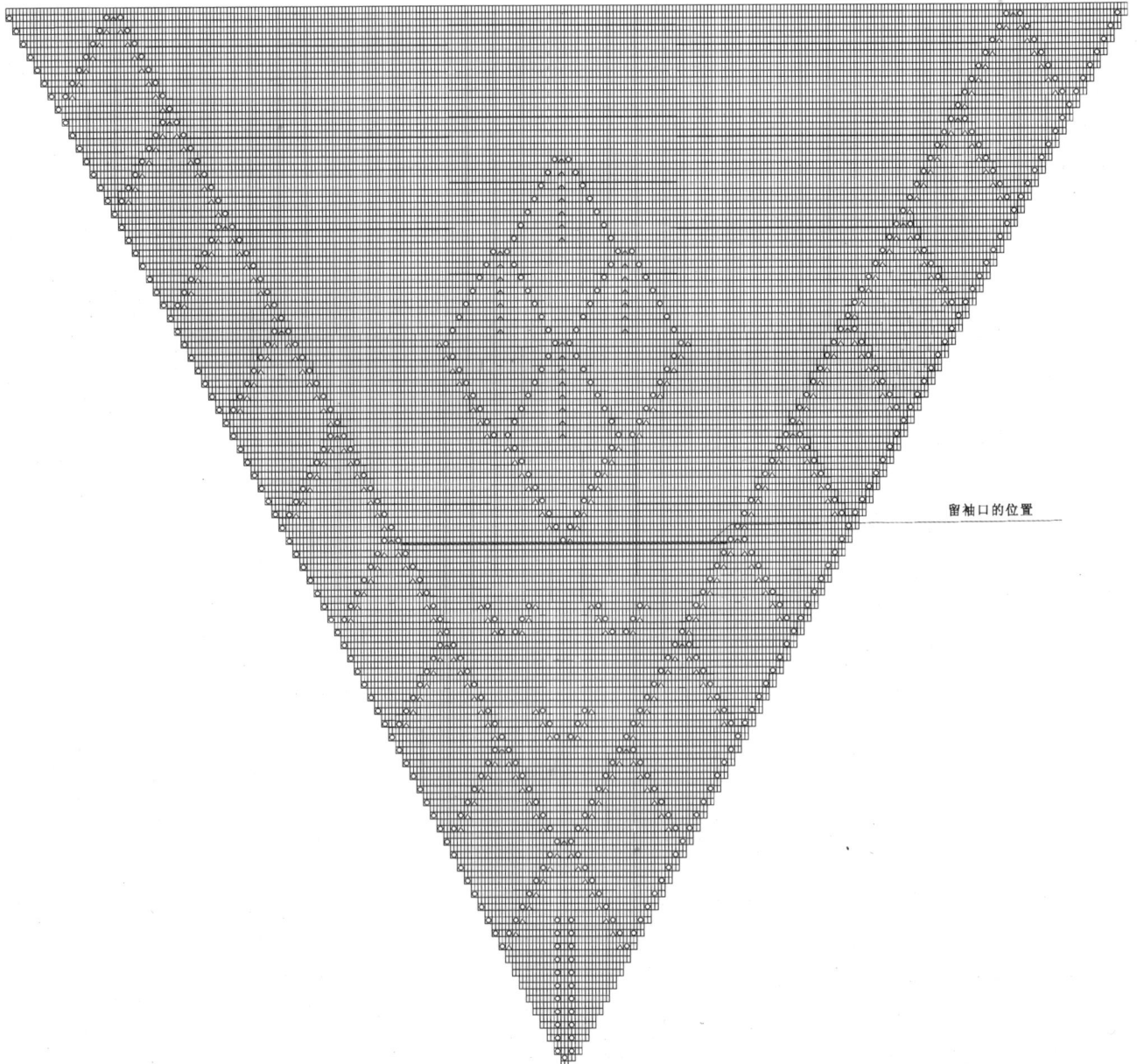

留袖口的位置

春风花草香

【成品规格】衣长120cm，胸围80cm，臀围83cm
【工　　具】1.5mm、1.75mm、2.0mm、2.5mm钩针各一枚
【材　　料】九色鹿丝绵5208号400g
【编织要点】
　　整衣为单元组成。上半部分为小花，裙子部分为大花。从下到上所使用钩针也是相应的分别从粗到细。使裙子形成下大上小的效果。

单元花样排列图：

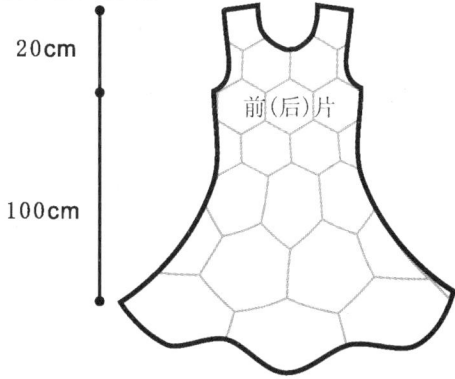

20cm
前(后)片
100cm

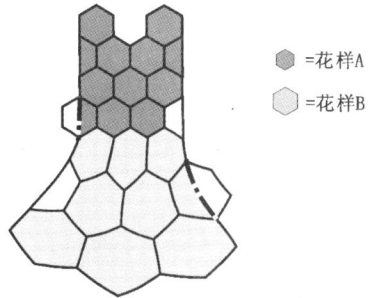

○ =花样A
⬡ =花样B

针法符号说明：

○ =锁针
✕ =短针
● =引拔针
⊤ =长针
⊤ =长长针
⊤ =4卷长针

花样B针法图：

26cm

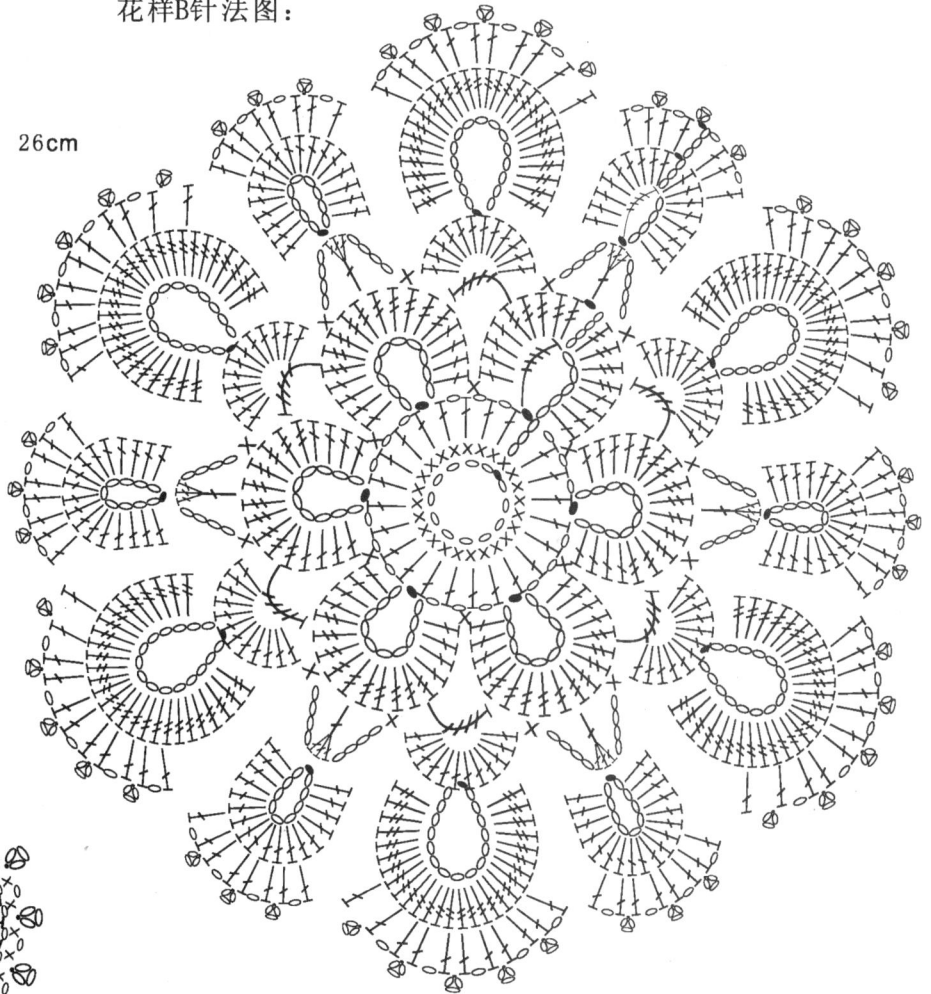

花样A针法图：

10cm

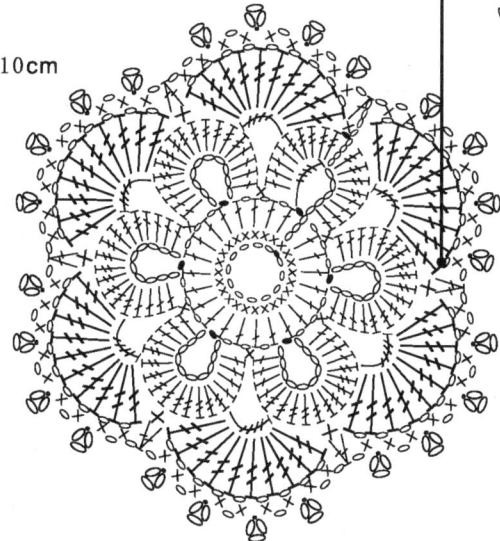

时尚钩编连衣裙

【成品规格】衣长92cm，胸围100cm，袖长55cm，肩宽48cm
【工　　具】13号棒针，环形针各一副，1.5mm钩针一根
【材　　料】九色鹿至尊烟灰色貂绒线300g，同色莱卡线2卷，宽2cm的长装饰带一根，仿水晶小装饰物数粒
【编织要点】

　　1. 环织，前后片整圈共起300针织40行下针对折，将底边翻起并织成双层边，再织10行平收，用钩针向上钩花样A，按图留袖窿及领窝。钩好后缝合，从腰部并织的位置挑针向下钩花样A，钩到相应长度串上棒针织下针40行，平收后对折和起针位置缝合。

　　2. 在袖窿位置挑袖，袖由上向下钩，袖口按衣服底边方法编织。

　　3. 挑领口织28行，平收后对折缝合。

　　4. 按图相应的位置钩上莱卡丝，增加弹性，织一条腰带穿在腰上。另外缝上水晶珠装饰。

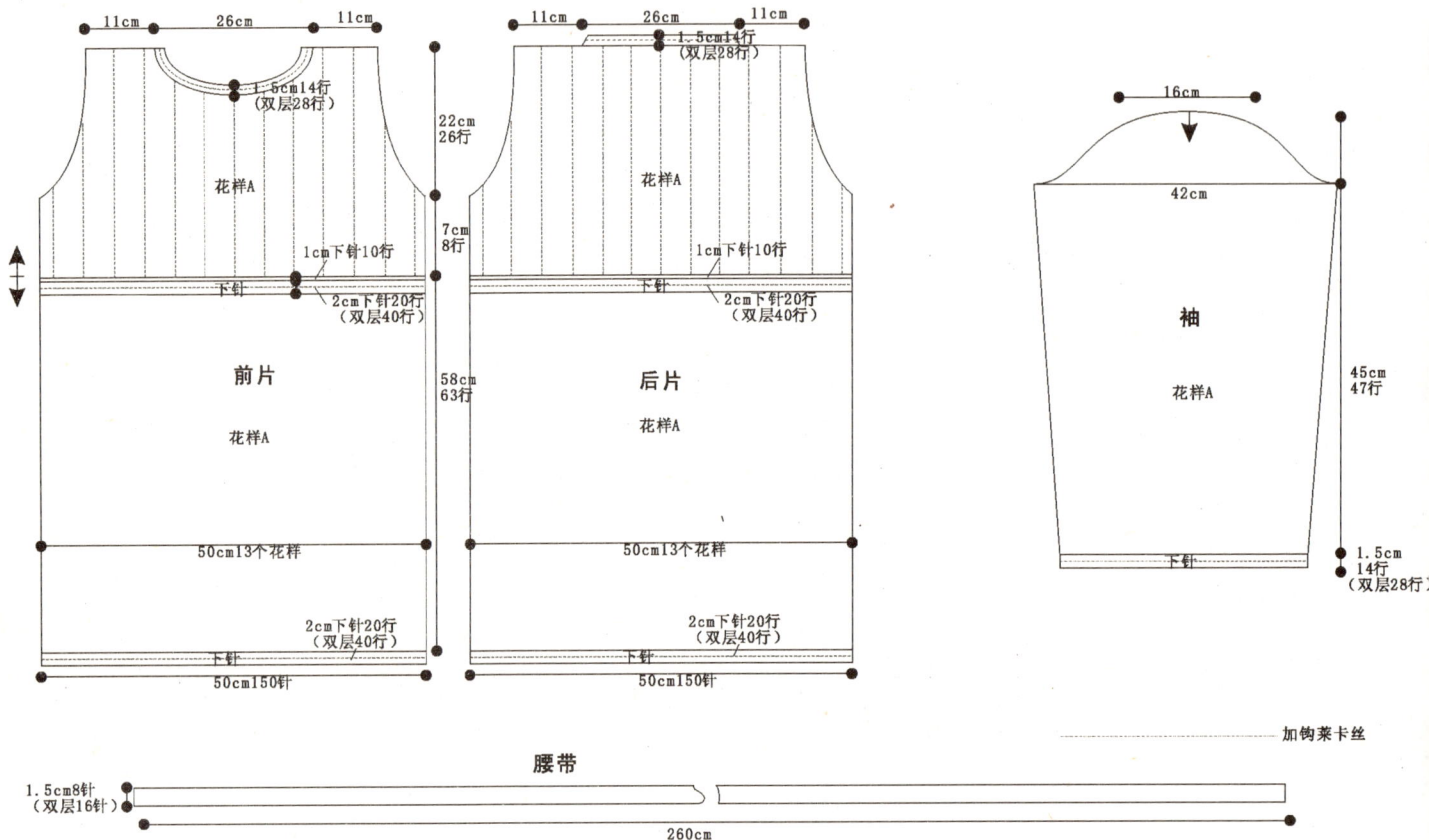

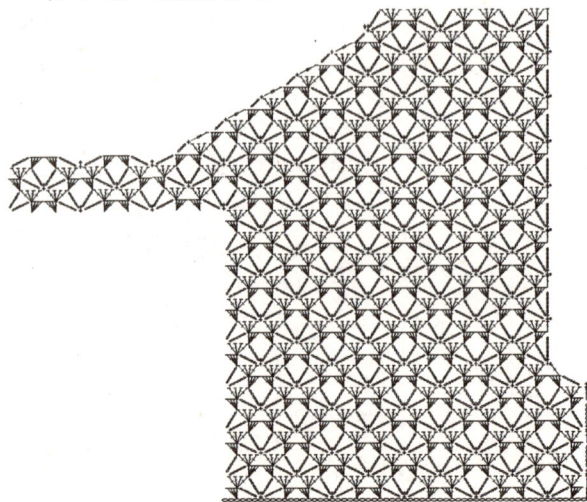

领口和袖口的减针方法

花样A

粉色柔情

【成品规格】衣长45.5cm，胸围80cm
【工　　具】8号环针棒针各一付，2.0mm钩针一支
【材　　料】九色鹿索菲亚肉粉色350g
【编织要点】

1. 从领口起112针，按编织花样逐渐加针，圆肩部分织完后分出前后片各104针，后片织12行后左右两边各加4针，前片左右两边各加4针，然后合在一起环织衣身部分。

2. 袖口挑针织8行单罗纹，领口按图解钩边。

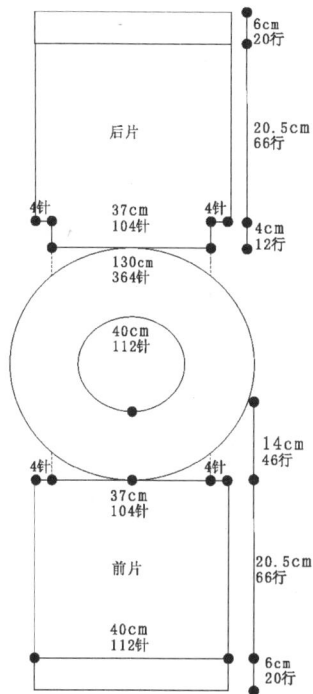

后片

6cm
20行

20.5cm
66行

4针　37cm 104针　4针

4cm
12行

130cm
364针

40cm
112针

4针　37cm 104针　4针

14cm
46行

20.5cm
66行

前片

40cm
112针

6cm
20行

领口花边

●=回

衣身部分

圆肩部分

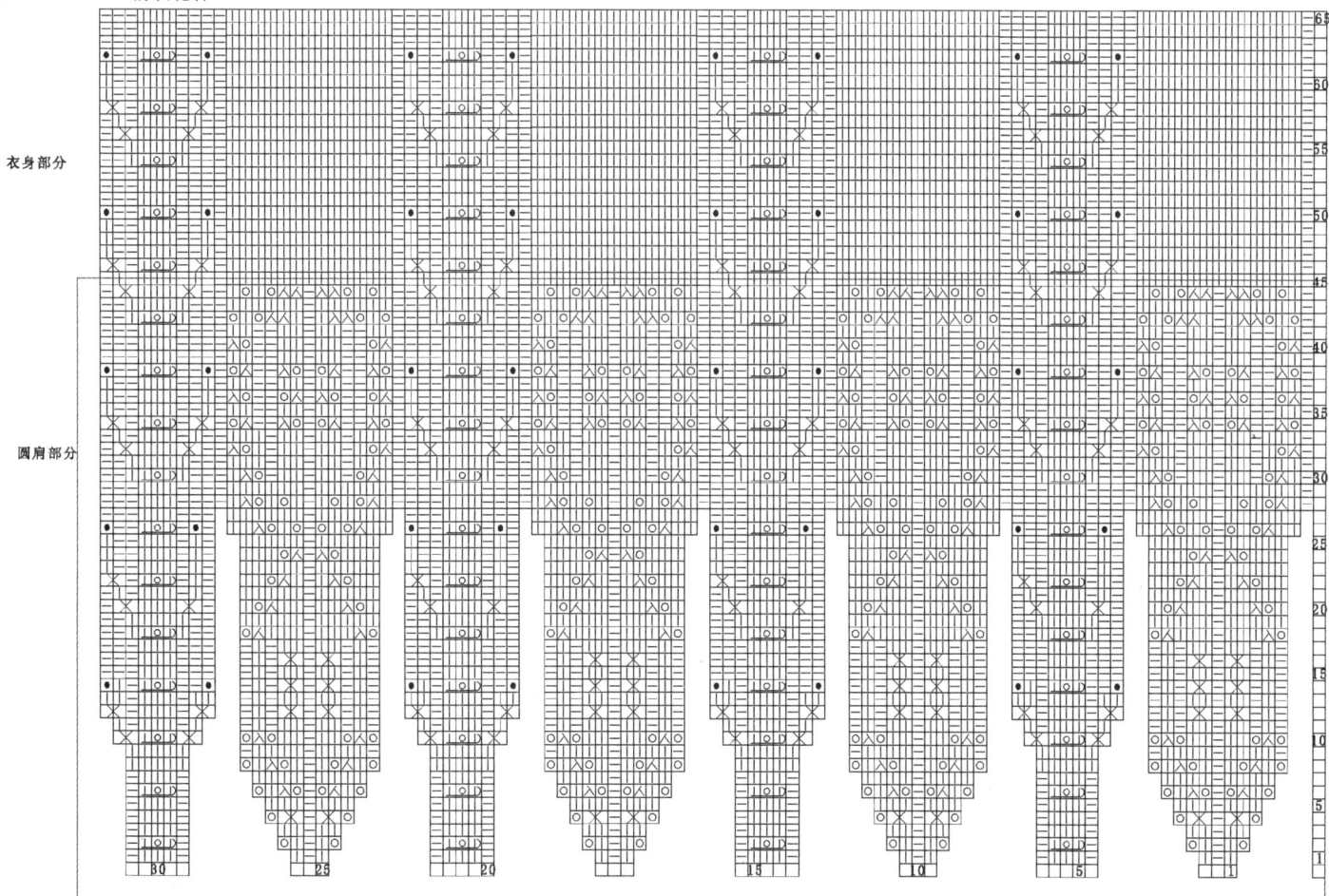

海之梦

【成品规格】长140cm，宽80cm
【工　　具】环针11号一付，11号短棒针一付，1.9mm钩针1支
【材　　料】九色鹿米兰丝柔系列宝兰色225g，粉蓝色100g，松树纱200g
【编织要点】
　　按图解顺序织螺旋花，下一朵直接在前一朵上挑针，按结构图顺序编织排列，织好一排后在螺旋花上挑针织花样A，反复共3次，最后再织一趟螺旋花，将织好的4条缝合，并在两边钩上花边，最后用松纱线织边。

140cm

80cm

花样A

花样A

花样A

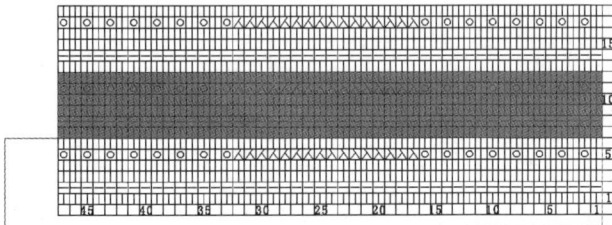

一个单元花

花边

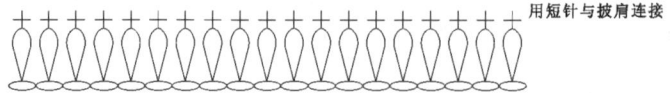

用短针与披肩连接

$\bigcirc$ =单辫针（拉丝针）

螺旋花单元花图解

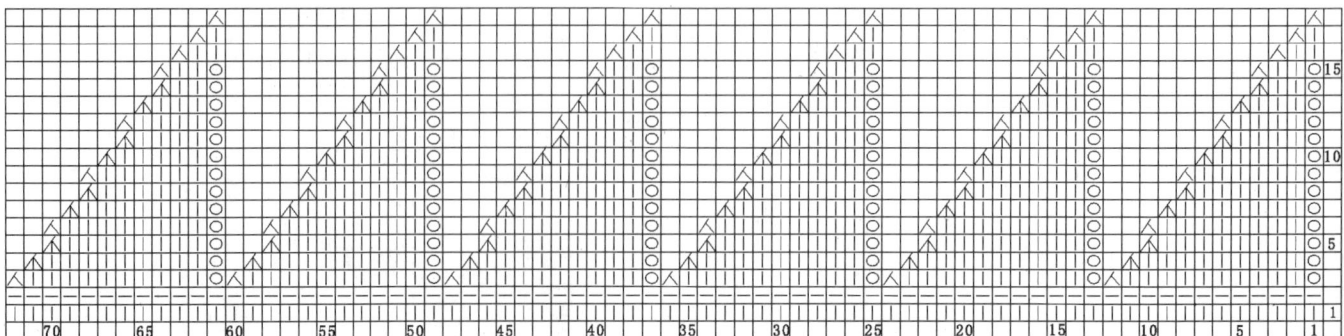

花繁叶茂连衣裙

【成品规格】衣长90cm，胸围96cm，肩宽52cm
【工　　具】7号环形针一副，2.0mm钩针一根
【材　　料】九色鹿阿尔巴卡线深蓝色1500g
【编织要点】
1. 前片：按图解钩单元花和叶片，按结构示意图排列好然后用小辫针和长针短针连接。
2. 后片：按图解尺寸编织下针。
3. 领：领口挑128针按领口花样编织，每织10cm上针位置加一次针。
4. 按图在衣下摆和袖口钩上花边。

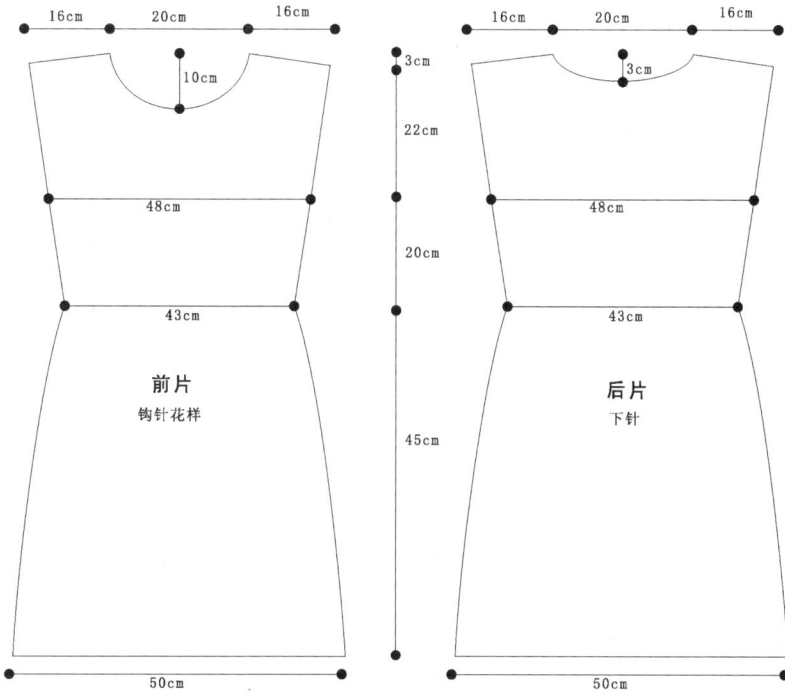

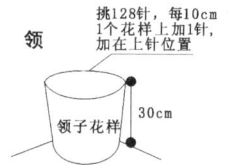

领

挑128针，每10cm
1个花样上加1针，
加在上针位置

领子花样

30cm

领子花样

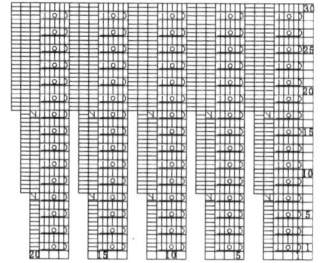

拼花结构图

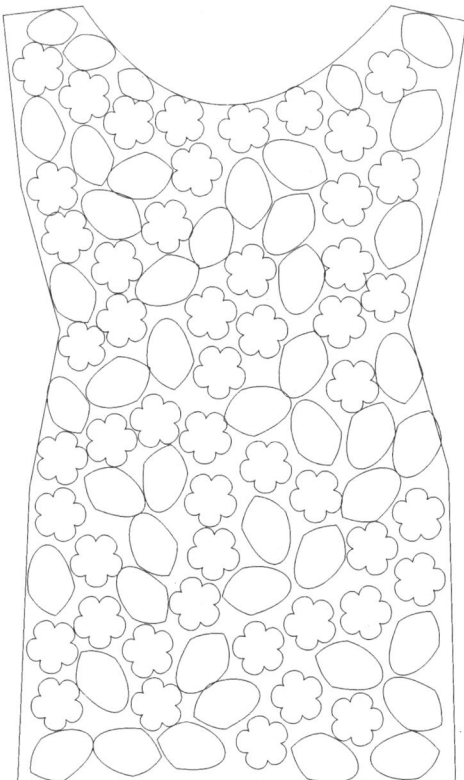

叶片钩法

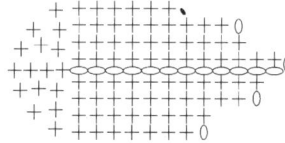

玫瑰花钩法

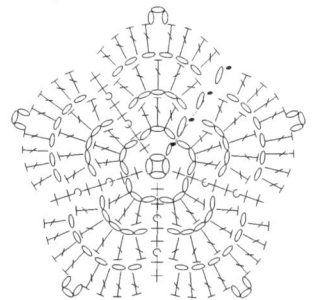

袖口和衣下摆花边

化蝶

【成品规格】衣长67.5cm，袖长47cm，胸围102cm，肩宽39cm
【工　　具】8号棒针一付
【材　　料】九色鹿羊毛800g，羊绒纱250g
【编织要点】

　　1. 分上下两部分编织，上部分起狗牙边，然后织编织花样，下部分起双边，前片边织好后从中间挑起10针，然后折回织，两边每次再挑起3针，直至全部挑完，后片从中间分成两部分，两部分分别按前片的织法编织，都挑起后一起向上编织。

　　2. 缝合后领口织4行双层边，然后织双罗纹，再另外按图解织帽子，最后缝合在一起。

　　3. 按图的位子留兜口，衣服编织完后用针由上向下挑织内兜，兜口织双边缝在上面。

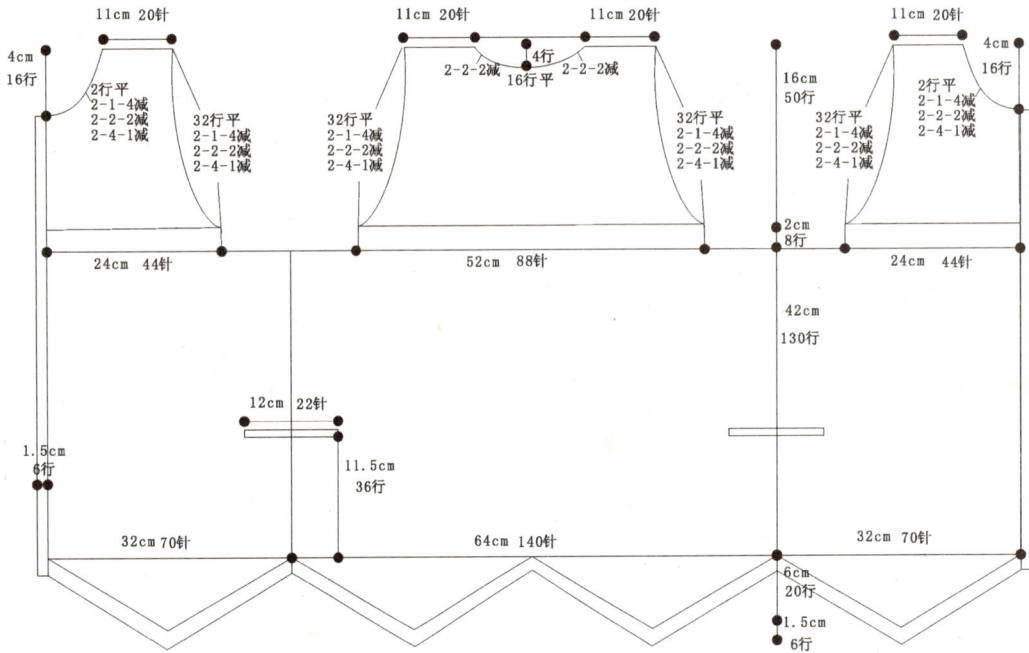

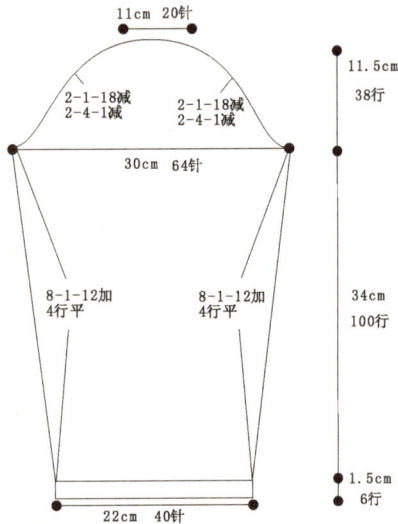

前后片与袖子结构图

11cm 20针　11cm 20针　11cm 20针　11cm 20针

4cm 16行

2行平
2-1-1减
2-2-2减
2-4-1减

32行平
2-1-4减
2-2-2减
2-4-1减

4行
2-2-2减 16行平 2-2-2减

16cm 50行

32行平
2-1-4减
2-2-2减
2-4-1减

32行平
2-1-4减
2-2-2减
2-4-1减

32行平
2-1-4减
2-2-2减
2-4-1减

2行平
2-1-4减
2-2-2减
2-4-1减

4cm 16行

24cm 44针　52cm 88针　2cm 8行　24cm 44针

42cm 130行

12cm 22针

11.5cm 36行

1.5cm 6行

32cm 70针　64cm 140针　32cm 70针

6cm 20行
1.5cm 6行

袖子结构图

11cm 20针

11.5cm 38行

2-1-18减
2-4-1减　　2-1-18减
2-4-1减

30cm 64针

34cm 100行

8-1-12加
4行平　　8-1-12加
4行平

1.5cm 6行

22cm 40针

帽子结构图

22cm 40针　22cm 40针

24cm 72行　帽子　帽子　24cm 72行

9.5cm 28行　　9.5cm 28行

2-1-14加　2-1-14加

6cm 12针　6cm 12针

挑82针 先织4行
双层边，再织
双罗纹
6cm 20行

编织花样

灰色
白夹灰
灰色
白夹灰
灰色
白夹灰
灰色
白夹灰

25
20
15
10
5
1

35　30　25　20　15　10　5　1

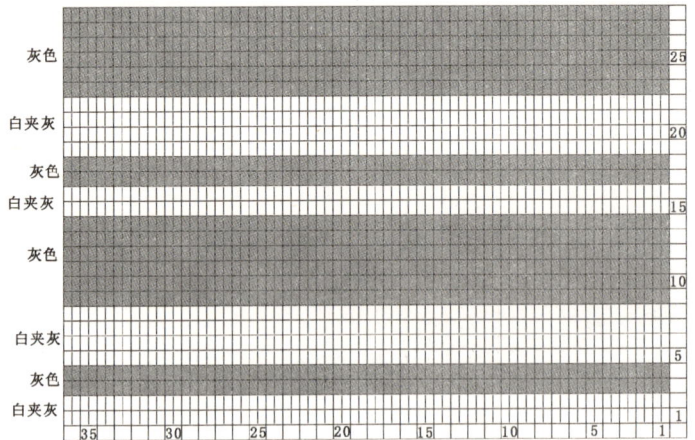

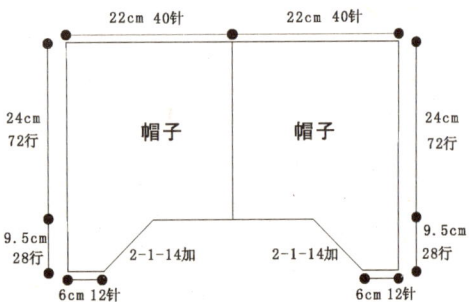

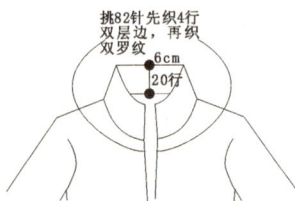

狗牙针的织法（第3行将底边挑起——并掉）

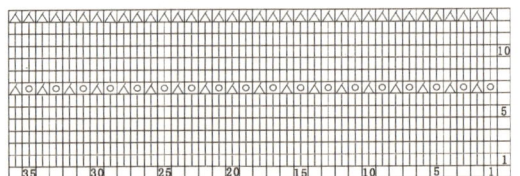

10
5
1

35　30　25　20　15　10　5　1

洁白无瑕

【成品规格】衣长93cm，胸围78cm，袖长51cm
【工　　具】1.8mm钩针一支
【材　　料】九色鹿童话白色线1200g
【编织要点】

1. 从单元花开始钩起，按图解边钩边连接，连接好后在单元花上挑针钩长针，单片挑140针，整圈挑280针。钩到腰换花样A，然后在花样A上整圈216针，单片108针。然后按图钩法分袖窿和领。

2. 袖子也从单元花钩起，然后按图解两边加长针，向上每3行袖片腋下位置加2针（左右各1针），按图解钩袖山。

3. 按图解钩花边装饰领口。钩蝴蝶结和腰带装饰腰部。

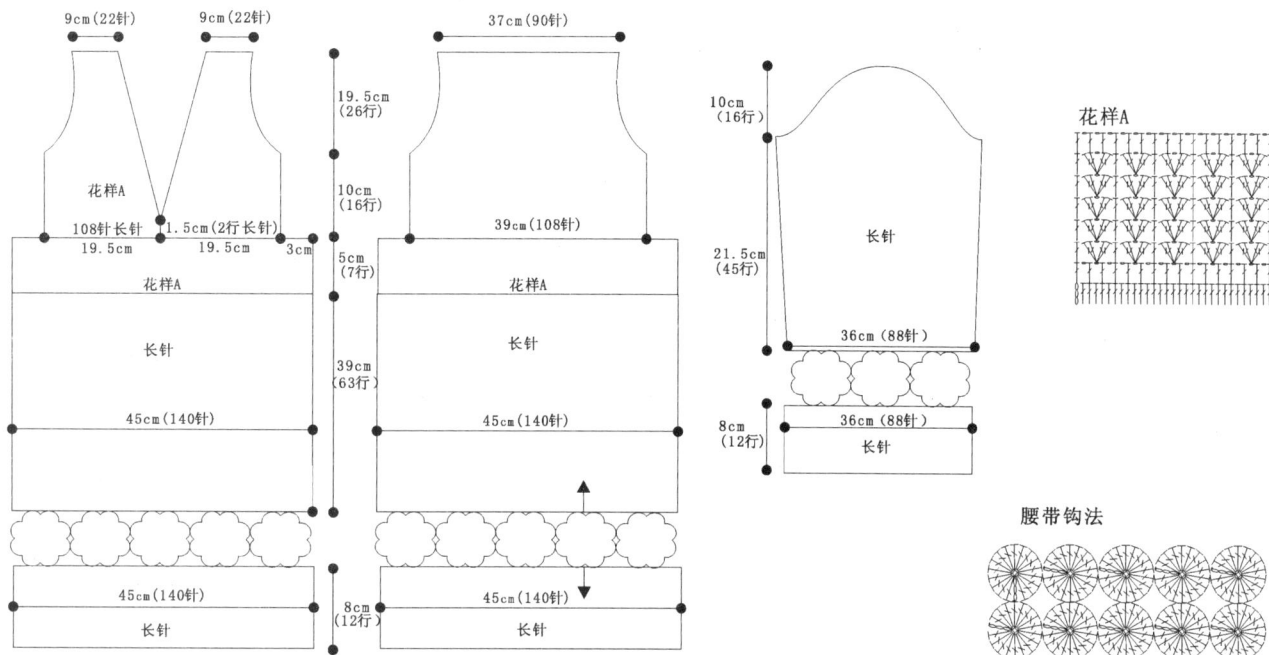

花样A

腰带钩法

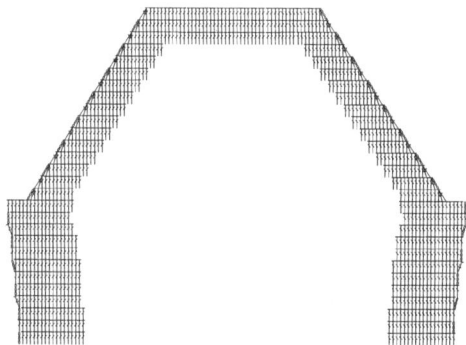

袖子钩法

领口花边钩法

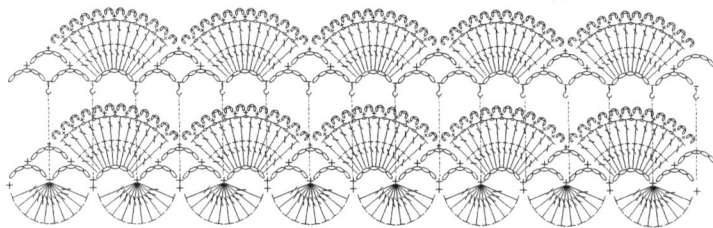

腰上蝴蝶结钩法

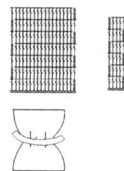

前领口和袖窿减针方法

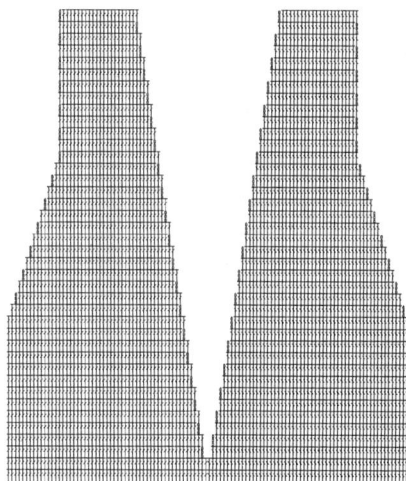

单元化的连接方法

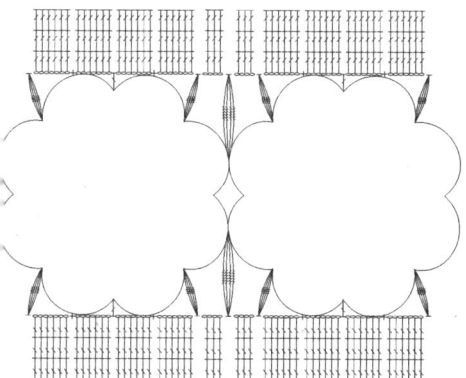

单元花钩法

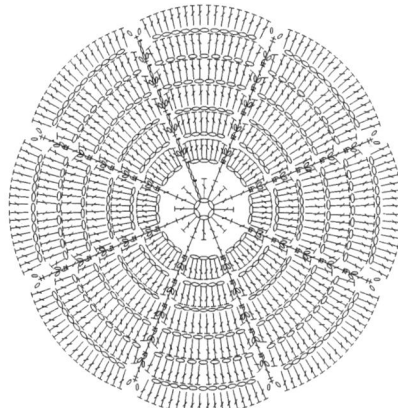

静美

【成品规格】衣长50cm，胸围85cm，肩宽36cm，袖长12cm
【工　　具】1.5mm钩针
【材　　料】九色鹿白色丝绵200g，黑色25g
【编织要点】
　　衣服操作简单易行。先织好10个单元花并连接成圆圈状。由任一侧往上按花样A钩织到合适高度后开挂肩及前、后衣领。袖子按花样A从袖口往上钩织。衣领按相关针法图进行钩织，领扣用黑白线钩织锁针后按形状图进行盘制并安置在衣领合适位置上。

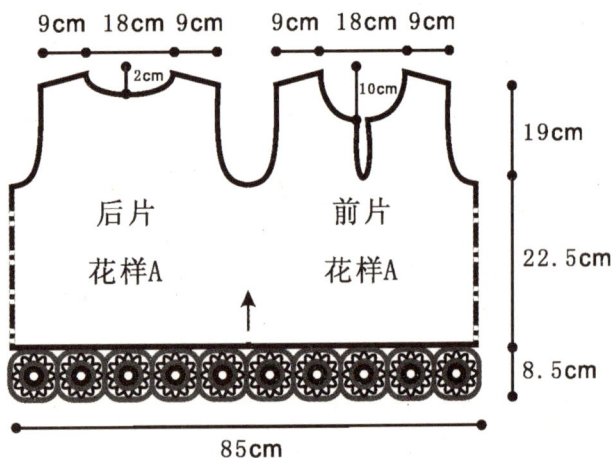

花样A针法图：

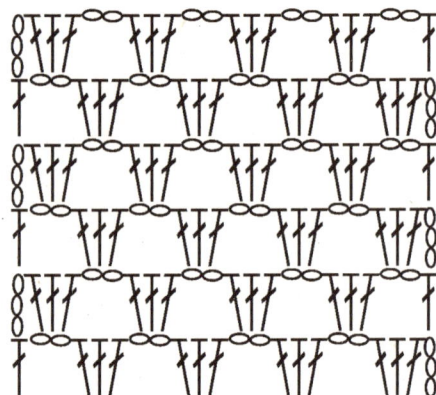

衣领针法图：

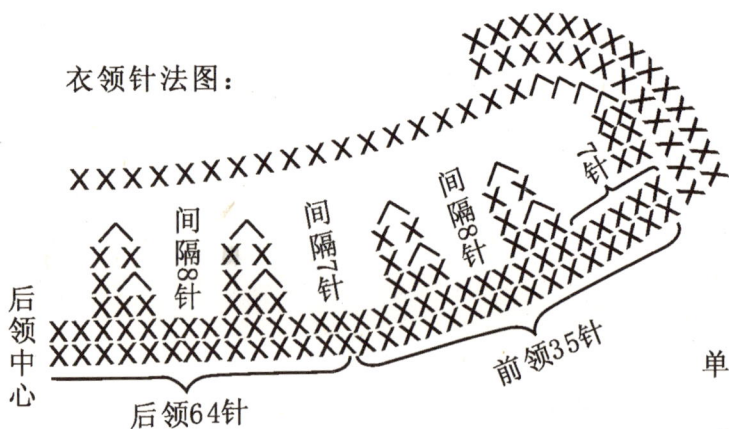

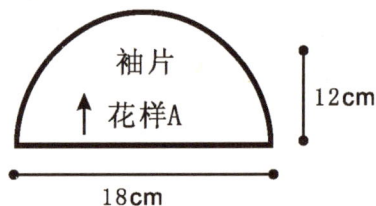

针法符号说明：

- ⬭ = 锁针
- ✕ = 短针
- ┤ = 长针
- ⬬ = 引拔针
- 🇫 = 2针长针并为1针
- 🇫 = 4针长针并为1针
- ✕✕ = 2短针并为1针

单元花样针法图：

扣祥形状图：

静在深秋

【成品规格】衣长55cm，胸围96cm，肩袖长48cm
【工　　具】3mm钩针
【材　　料】九色鹿黑貂大衣线650g
【编织要点】

从后领处起针，钩6排完整扇形花，前襟的第一个花和后腰中心的2个花，都采用重叠花朵的钩法。在腋下平加10针，前襟和后摆中间不需再加针，4排扇形花完成下摆。

袖子：钩3个扇形花，共钩4个扇形花就可完成。

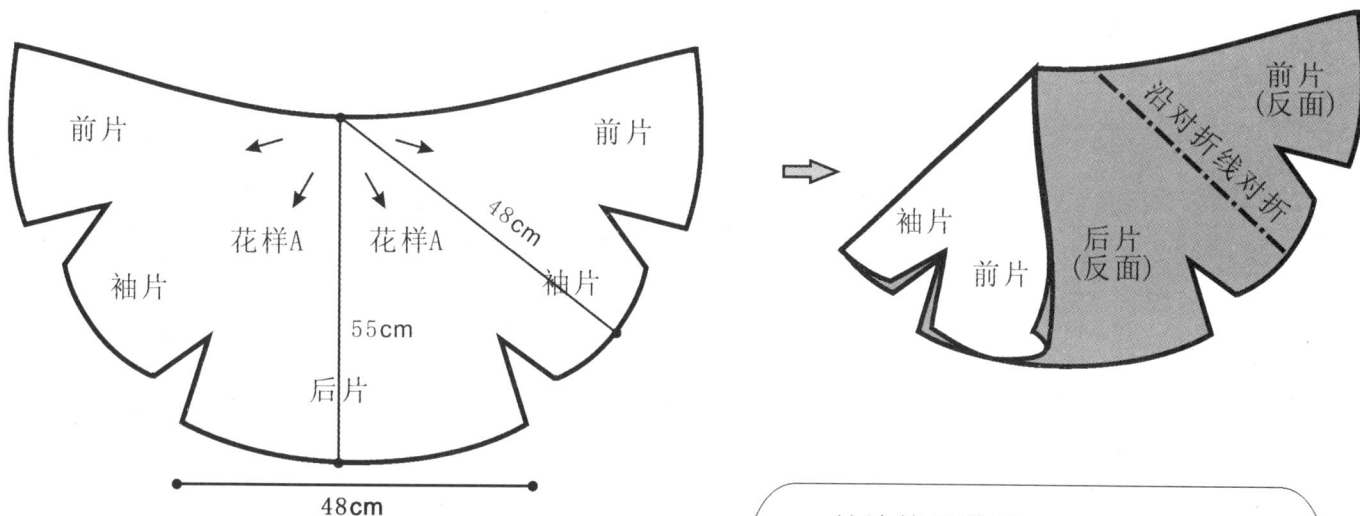

针法符号说明：

○ =锁针　　　 ‍F =长针

X =短针　　 ⅗⅗ =外钩长针

注意：为绘图方便，此款式中以上两个符号均被认作为外钩长针。

花样A针法图：

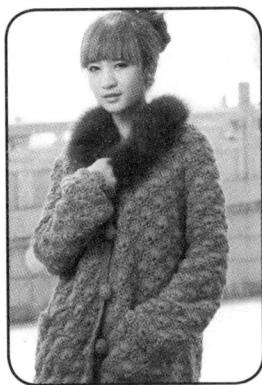

菊花绽放

【成品规格】衣长69cm，胸围110cm，袖长61cm，肩宽40cm
【工　　具】2.5mm钩针一支，7号棒针一付
【材　　料】灰色九色鹿黑貂大衣线1000g
【编织要点】
　　1.用钩针按图解由下向上钩，钩到衣兜位置另用一根线钩一趟小辫针连接在兜口上，下一趟的花钩在这趟小辫针上。
　　2.按图解钩衣袖。
　　3.将钩好的衣片及袖子缝合，用棒针挑起兜口的小辫针向下织单罗纹，织够相应高度将兜片缝合在衣服内侧，领口装饰毛皮。

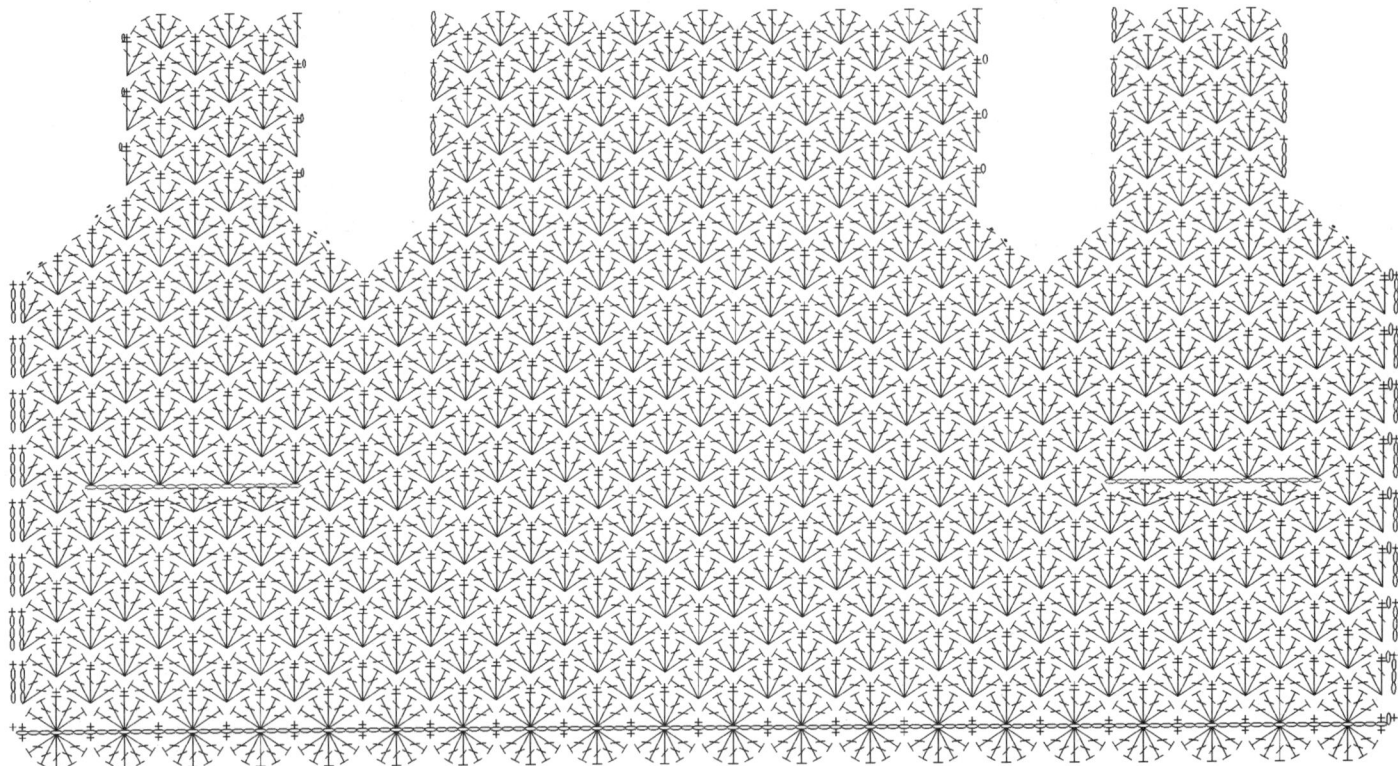

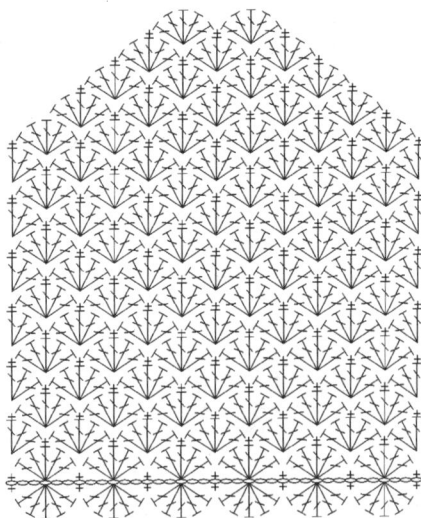

纽扣钩法

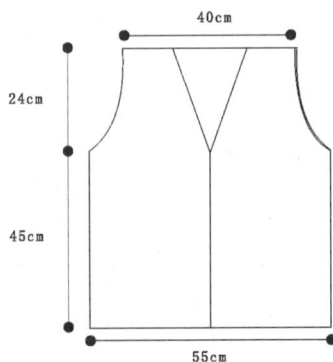

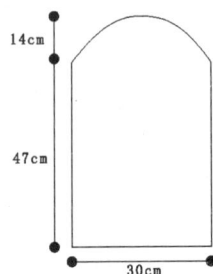

冷香

【成品规格】底边长约150cm，宽约80cm（不含流苏）
【工　　具】1.25mm钩针
【材　　料】九色鹿马海毛白色80g，黑色80g
【编织要点】
　　先将主体花样A按相关图示连接好，然后将花样B作为填充部分。最后用余线在三角形的两个直角边装好流苏。

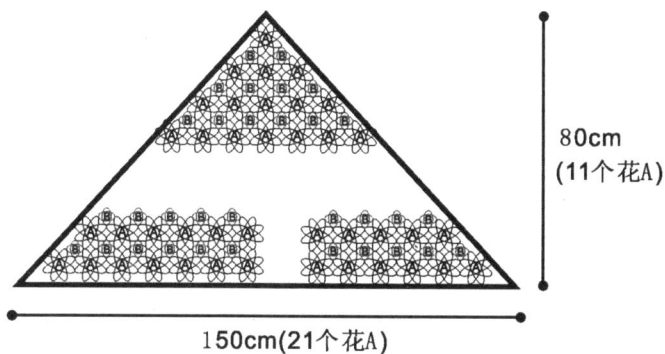

80cm
(11个花A)

150cm(21个花A)

花样B针法图（次花）：

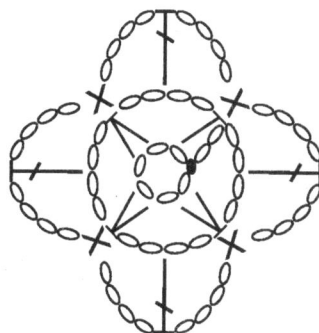

针法符号说明：

⬭=锁针　　　　Ｔ=中长针　　　　𝔸=3长针并为1针

✕=短针　　　　𝅗=长针　　　　　𝔸=4长针并为1针

⬬=引拔针

花样A针法图（主花）：

花样A（主花）和花样B（次花)连接针法图：

A　　A

B

A　　A

梦幻风铃魅力

【成品规格】衣长72cm，胸围74cm，肩宽36cm
【工　　具】2.0mm钩针一支，8号棒针一付
【材　　料】灰色九色鹿马海毛600g，其他花色线150g
【编织要点】
1. 用钩针按图解钩单元花并按结构图排列。
2. 用棒针在钩好的衣服下部分挑针，织下针到相应长度。
3. 按图解钩花边装饰领口、腰、袖口及裙下摆。

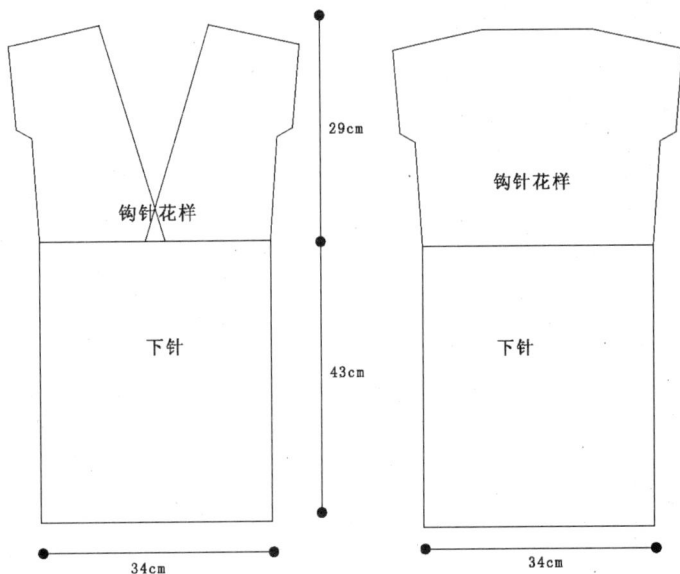

裙下摆花边钩法

腰部花边钩法

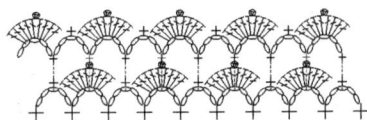

袖口花边钩法

钩针花样

下针

29cm

43cm

34cm

钩针花样

下针

34cm

上半部分单元花

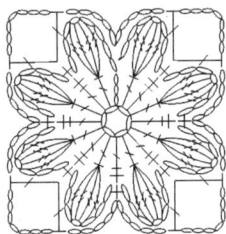

上半部分单元花结构图

一线连钩的走势图

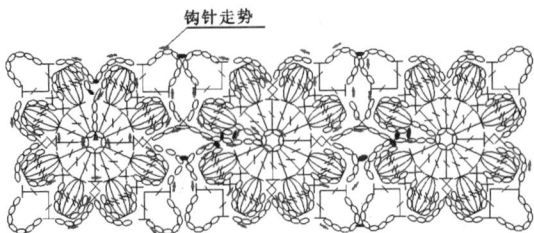

钩针走势

清莲

【成品规格】衣长52cm，胸围78cm，袖长26cm，裙长60cm，腰围67cm
【工　　具】12号环形针各一付，2.0mm钩针一支
【材　　料】九色鹿丝棉白色500g
【编织要点】

　　1. 上衣起12×23=276辫子花12朵单元花。圈钩10行花样。左右各留1个花样，收挂肩。
　　2. 袖子起5个花样，圈钩5个单元花钩4行花样，两边减针留袖山。
　　3. 上衣和衣袖下摆另钩花边，领口按领口花样钩。
　　4. 裙子起16朵莲花×23=368辫子，钩6行花停，钩下摆。换12号环形针圈织平针320针，每花挑20针共20×16=320，均匀收腰2次，每次20针。腰部在反面织下针，在正面缝合。这样有一道线和买的一样好看。

前片

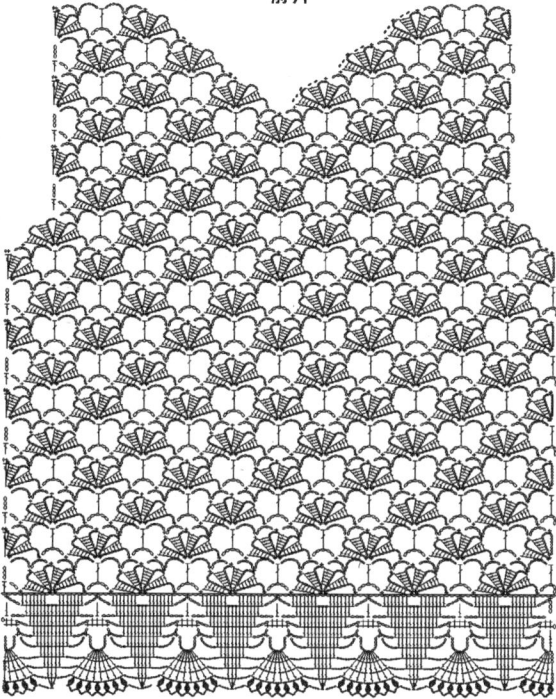

后片

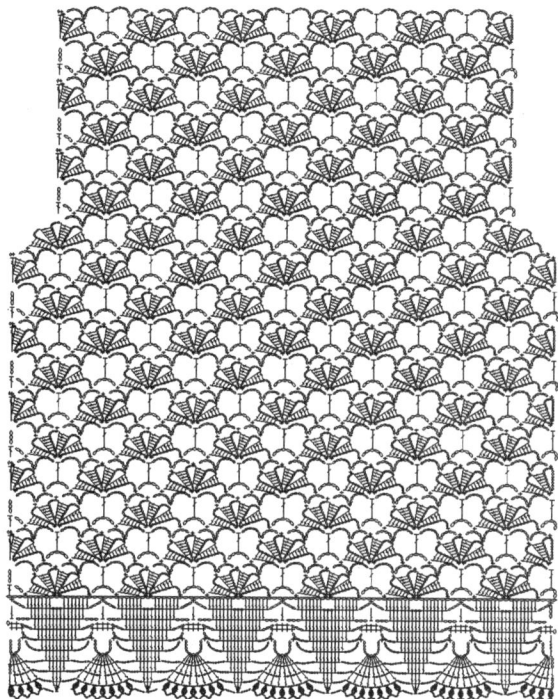

袖

领口花边

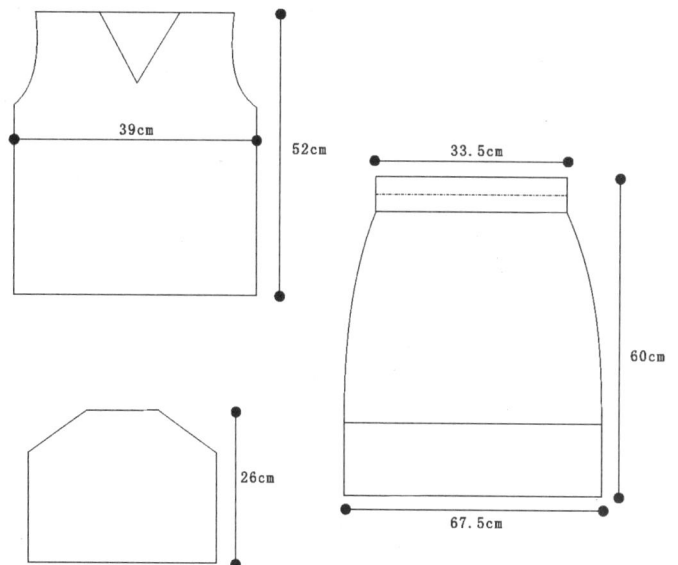

秋冬季节

【成品规格】胸围100cm，衣长50cm，肩袖长25cm，领宽25cm
【工　　具】2mm钩针
【材　　料】九色鹿浅蓝色350g
【编织要点】

　　先按相关图示钩好下摆的单元花样，然后从单元花的一侧开始往上钩织花样A到合适高度后，往两侧放针成为袖下线，再往上钩织到袖宽度后仍然是钩一行单元花样。前、后片同样。最后合并好肩线和袖下线。

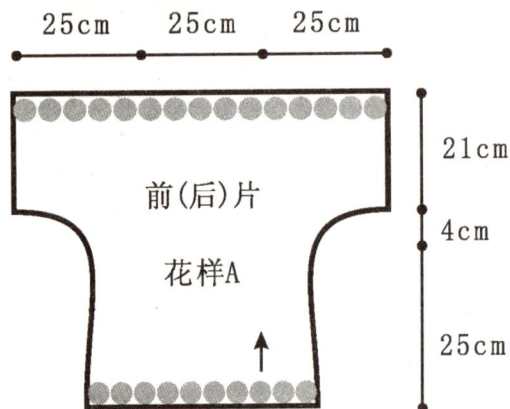

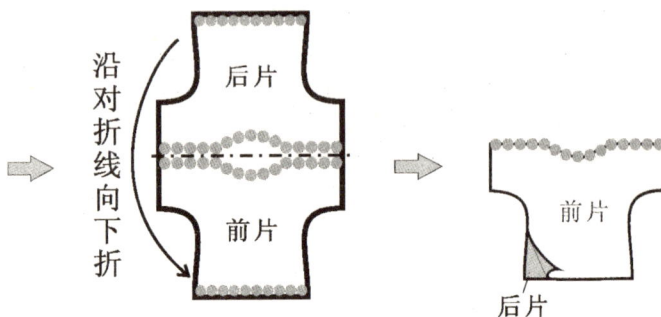

针法符号说明：

◯ =锁针　　● =引拔针

✕ =短针　　 =长针

单元花样排列及连接针法走势图

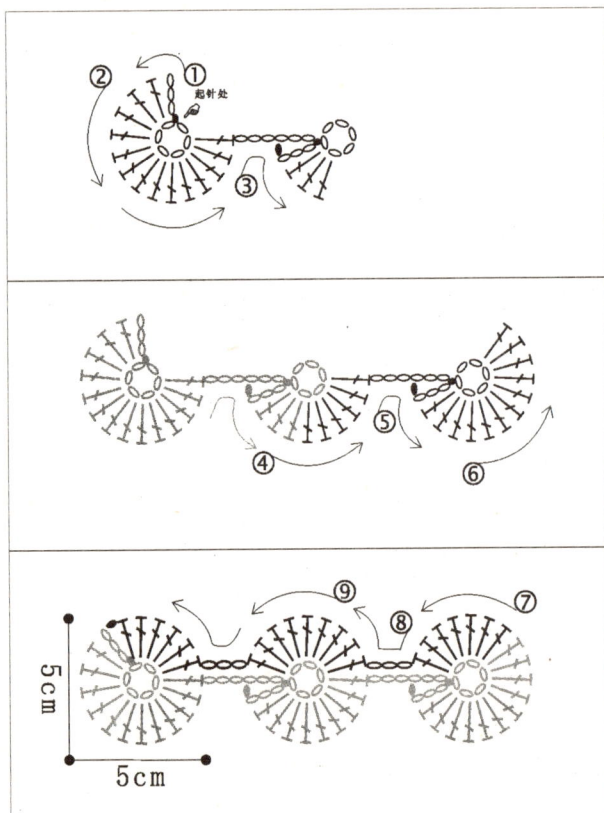

花样A针法图：

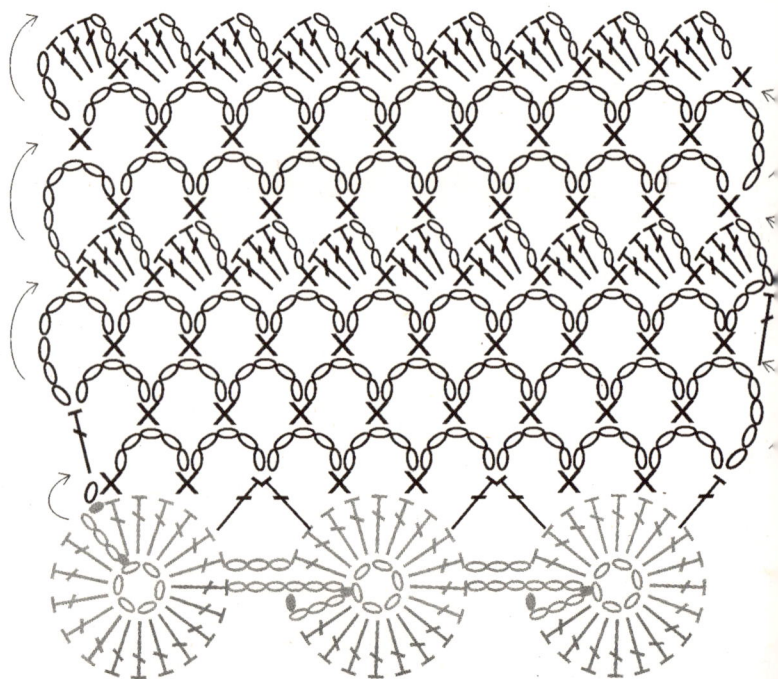

山花灿漫

【成品规格】平铺：宽125cm，长60cm，领高15cm，领宽20cm，袖口长7cm
【工　　具】1.5mm钩针
【材　　料】九色鹿之米兰丝柔系列700g
【编织要点】

　　先钩好第一个单元花，由第二个单元花起边钩边连接，每行5个，单元花直径为24cm，第二行左、右肩分别为2个单元花样，中间单元花要留出领口，（即后领为1/2个单元花样，前领为1/3个单元花样）。然后，在前后的单元花上挑针往下钩下摆花样，共钩25行高23cm。最后按花边针法图钩一行花边，并完成衣领和袖口。

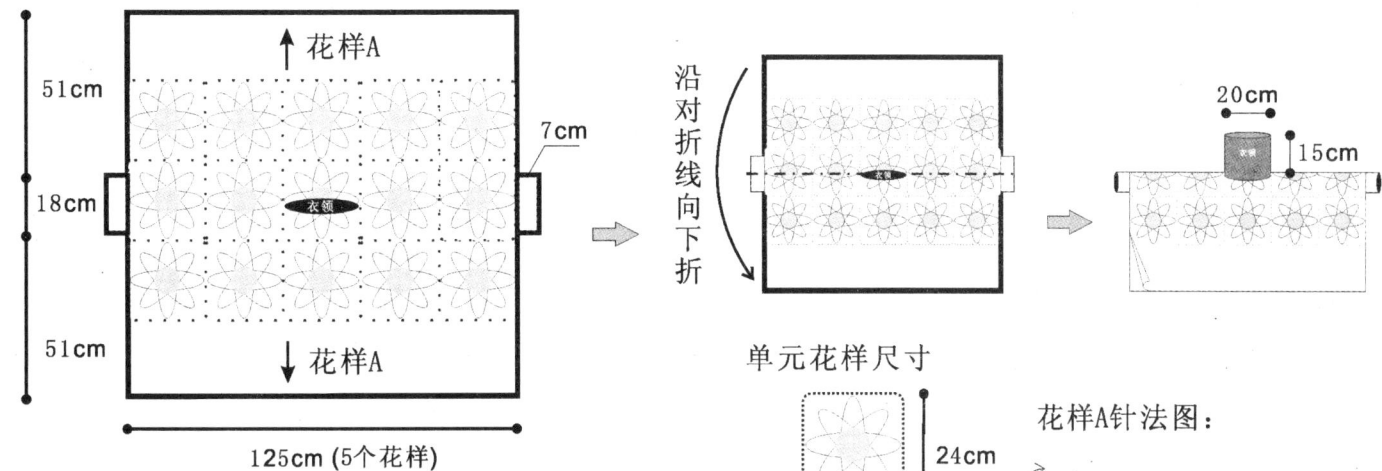

51cm
18cm
51cm
↑花样A
↓花样A
7cm
衣领
125cm (5个花样)

沿对折线向下折

衣领

20cm
15cm
衣领

单元花样尺寸

24cm
24cm

花样A针法图：

领、袖针法图：

单元花样针法图：

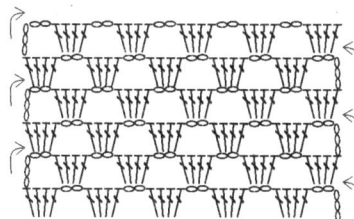

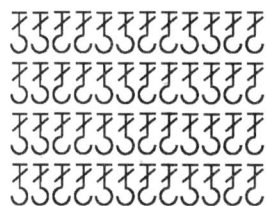

针法符号说明：

◯ =锁针　　　　　T =中长针

✕ =短针　　　　　𝖎 =长针

⬤ =引拔针

𝔰 =外钩长针　　　𝔢 =内钩长针

深秋蓝玫瑰

【成品规格】胸围100cm，衣长25cm，肩袖长50cm，领宽25cm
【工　　具】2mm钩针，11、13号循环针
【材　　料】九色鹿浅蓝色350g
【编织要点】

1. 衣身袖子11号针，边13号针。后片：起针150针，其间两边平均各加3针，到156针，织长13～14cm分袖窝，肩膀留29针，后领留68针。

2. 左前片：起针75针，依次加针，针数到103针，再依次收针，前袖窝平收6针，依次收针，肩膀留29针。

3. 右前片：起针88针，斜边依次收针，前袖窝平收6针，依次收针，肩膀留29针。

4. 用钩针缝合前后左右衣服。

5. 袖子上挑往下织，袖山挑14针，往下每2排2边各挑加针1针，总挑90针，收针10-2-4，袖口82针。换13号针织边单桂花。

6. 13号循环针挑领边衣服边，织花样B，4排。所有的接缝处用钩针用2股毛线加钩辫子针。绣花，用长毛衣针绣玫瑰花，单股毛线加1股绣花银线对折。用短毛衣针绣枝干和叶子。上下斜边各钉1枚暗扣。

左前片

9cm29针

2-4-2减
2-5-8减
2-3-5减
2-2-3减
2-1-3减
52行平
4-1-2减
2-1-3减
2-1-3减
2-3-1减
2-6-1减
2-1-41加
花样A
23cm75针

后片

9cm29针　20cm68针　9cm29针

1cm
4行
平收56针

2-2-1减　　2-2-1减
2-4-1减　　2-4-1减

50行平　　　　　　　50行平
4-1-2减　　　　　　4-1-2减
2-1-3减　　　　　　2-1-3减
2-2-1减　　　　　　2-2-1减
2-3-1减　　　　　　2-3-1减
2-5-1减　　　　　　2-5-1减

19cm
72行

花样A

48cm156针

18-1-2加　　　18-1-2加
16-1-1加　　　16-1-1加

13cm
52行

46cm150针

右前片

9cm29针

52行平
4-1-2减
2-1-3减
2-3-1减
2-6-1减

2-1-20减
4-1-20减
2-1-2减

花样A
27cm88针

袖

4cm14针

2-1-38加　　2-1-38加

18.5cm
72行

28cm90针

10-1-4减　　　　10-1-4减
10行平　　　　　10行平

花样A

13cm
50行

花样B

3cm
12行

绣花图案

花样A

15

10

5

25　　20　　15　　10　　5　　1

1

花样A

5

1

20　　15　　10　　5　　1

索菲亚的蓝色梦想

【成品规格】衣长60cm，袖长56cm，胸围90cm，肩宽40cm
【工　　具】11号、9号棒针各一付，2.25mm钩针一支
【材　　料】九色鹿花色系列-索菲亚线蓝色550g
【编织要点】
　　1.用11号针起110针，织双罗纹边，衣边织好后换9号针织衣身。
　　2.缝合后领口织4行双层边，在后半部分挑88针织帽子，织好后用钩针钩领边、帽边。
　　3.袖子从上向下织，起28针，用9号针织图解花样，逐渐加针，袖口换11号针。

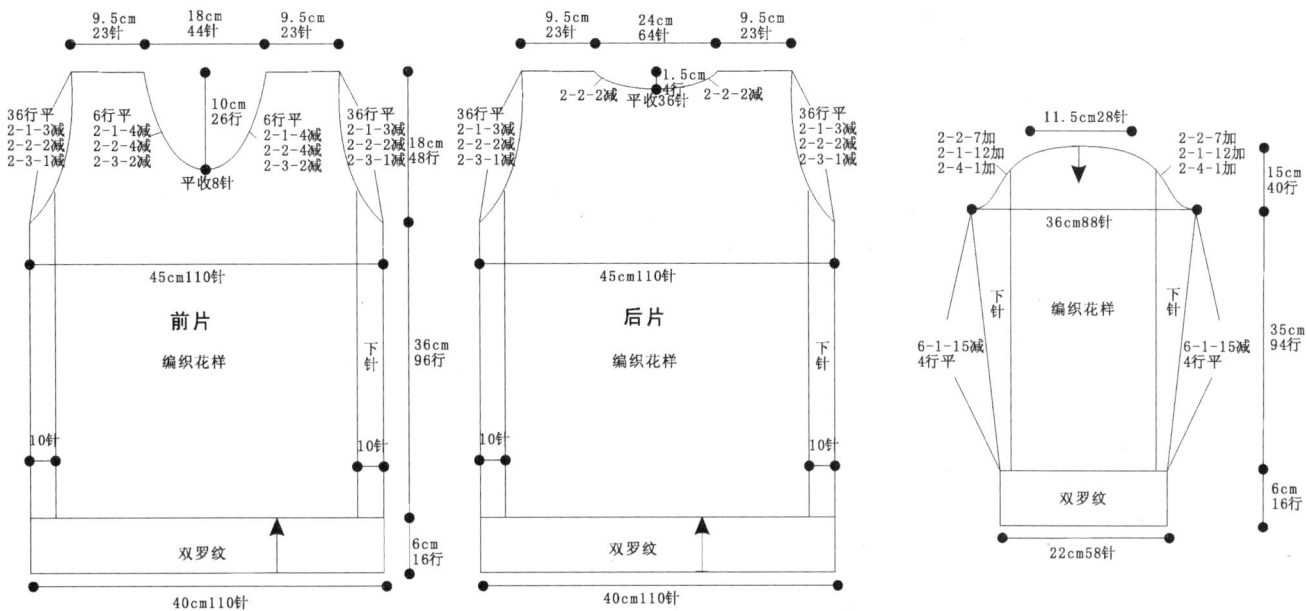

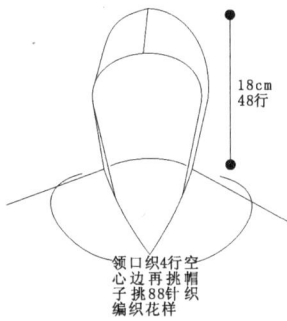

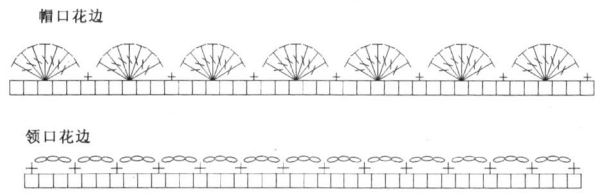

前片

9.5cm 23针　18cm 44针　9.5cm 23针

36行平　6行平　　　　　　6行平　36行平
2-1-3减　2-1-4减　　　　2-1-4减　2-1-3减
2-2-2减　2-2-4减　　　　2-2-4减　2-2-2减
2-3-1减　2-3-2减　　　　2-3-2减　2-3-1减

10cm 26针
平收8针

45cm110针

18cm 48行

36cm 96行

编织花样　下针

10针　　　　　10针

双罗纹

6cm 16行

40cm110针

后片

9.5cm 23针　24cm 64针　9.5cm 23针

2-2-2减　1.5cm 4针　2-2-2减
平收36针

36行平　　　　　　　　　　36行平
2-1-3减　　　　　　　　　2-1-3减
2-2-2减　　　　　　　　　2-2-2减
2-3-1减　　　　　　　　　2-3-1减

45cm110针

编织花样　下针

10针　　　　　10针

双罗纹

40cm110针

袖

11.5cm28针

2-2-7加　　　　2-2-7加
2-1-12加　　　2-1-12加
2-4-1加　　　　2-4-1加

36cm88针

15cm 40行

编织花样

下针　　　下针

6-1-15减　　6-1-15减
4行平　　　　4行平

35cm 94行

双罗纹

6cm 16行

22cm58针

领口织4行空
心边再挑帽
子挑88针织
编织花样

18cm 48行

帽口花边

领口花边

编织花样

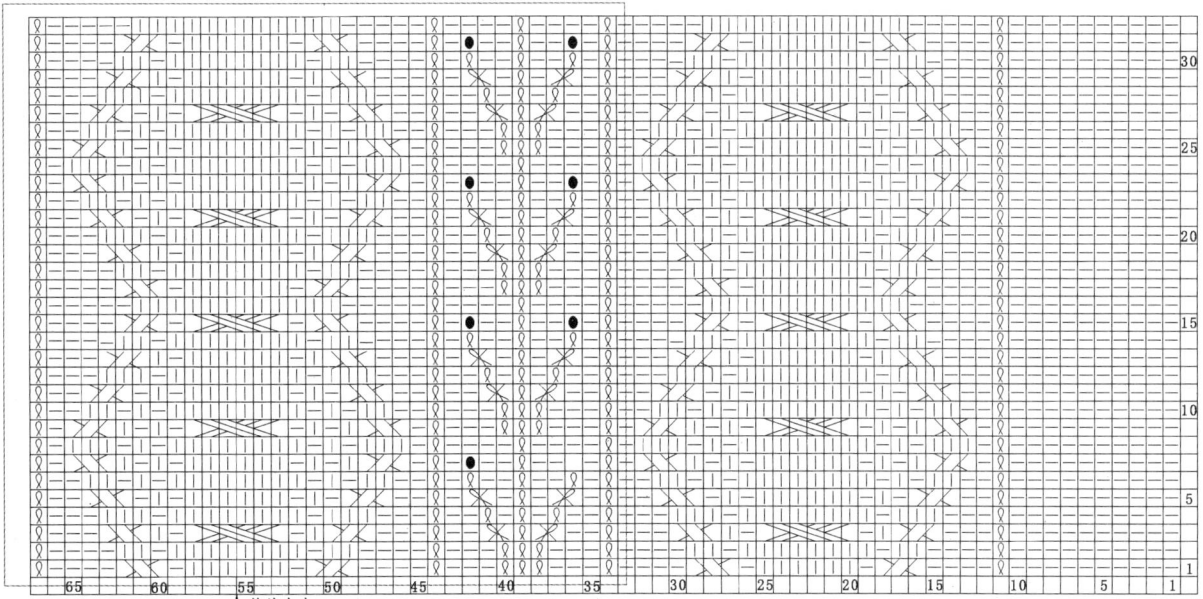

袖片和帽子
半边的花样

前片中央
袖片中央

●=□

65　60　55　50　45　40　35　30　25　20　15　10　5　1

30 25 20 15 10 5 1

西式双排扣大衣

【成品规格】衣长85cm，胸围93cm，肩宽37cm，袖长55cm
【工　　具】4mm棒针
【材　　料】九色鹿羊驼绒线1500g，黑灰色50g。纽扣6枚，暗纽4枚
【编织密度】27针×32行=10cm²
【编织要点】
　　外套分为前、后、袖、领几个单元片。前片从下摆起针往上织，注意要按图示加减针形成曲线。后片加减针同前片；注意在前、后片相关位置分别按相关花样针法图进行编织。最后在衣领和驳头处用黑色线织5～6行下针镶边，织2个肩袢用手针缝在肩膀上并用扣子固定好另一端。

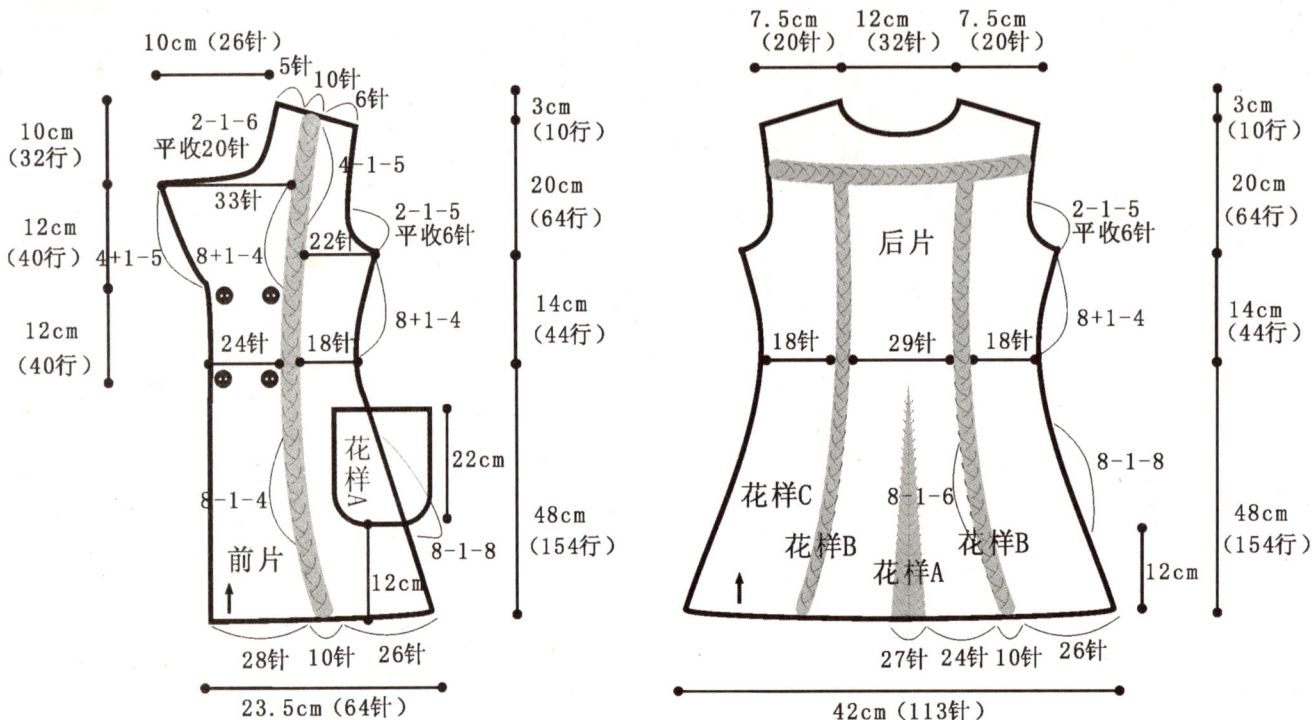

花样A针法图：

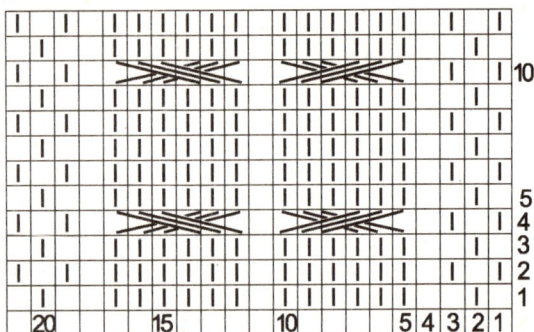

花样C针法图：

花样B针法图：

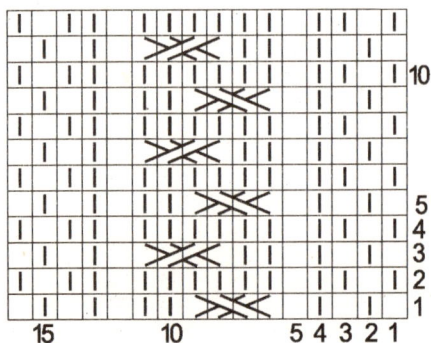

针法符号说明：

	=下针		=上针

=2针右上交叉

=2针左上交叉

=3针右上交叉

=3针左上交叉

袖山减针
2-1-10
2-2-11
2-3-1
平收4针

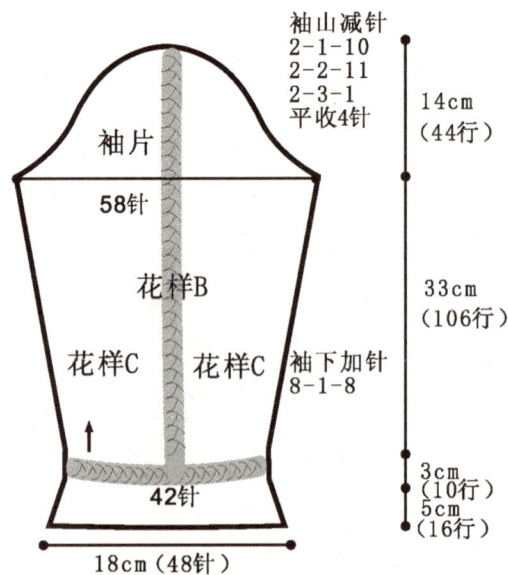

袖片
58针
花样B
花样C　花样C
袖下加针
8-1-8

18cm（48针）

衣领　花样C
45cm（122针）
8cm（26行）

起9针 → 腰带 花样C
165cm（520行）

旋之美

【成品规格】衣长54cm，胸围80cm，裙长58cm
【工　　具】环针10号、11号各一付，10号、11号短棒针各一付
【材　　料】九色鹿银座中粗混纺线段染375g，九色鹿米兰丝柔细线宝兰色125g，粉蓝色80g，松树纱200g
【编织要点】

　　1. 按图解顺序织螺旋花，下一朵直接在前一朵上挑针，按结构图顺序编织排列，织好后门襟领口袖口用松纱线织边装饰。

　　2. 裙子每行12朵花，前两行起72针的螺旋花，第三行起66针的螺旋花，66针螺旋花织法同72针，行数减少，螺旋花织完后在螺旋花上挑282针织花样A。织够相应高度收针，裙下摆用松纱线织边装饰。

衣服结构图

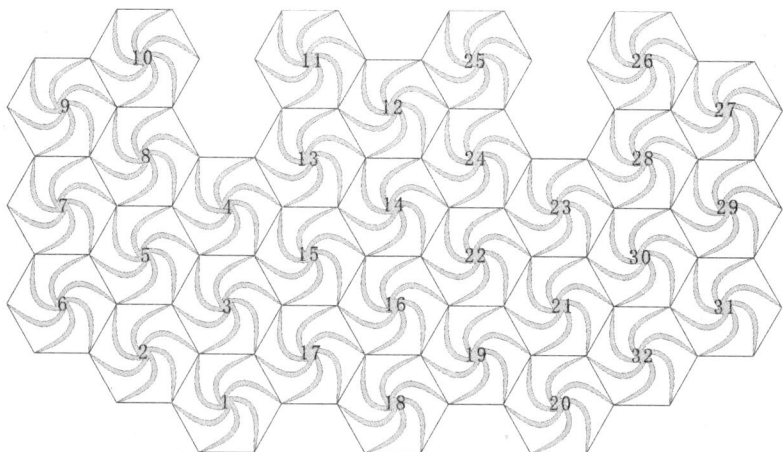

花样A

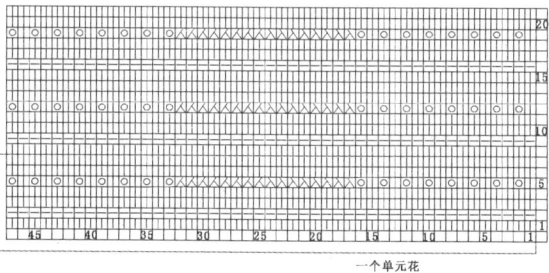

一个单元花

裙片结构图

84cm（280针）

花样A

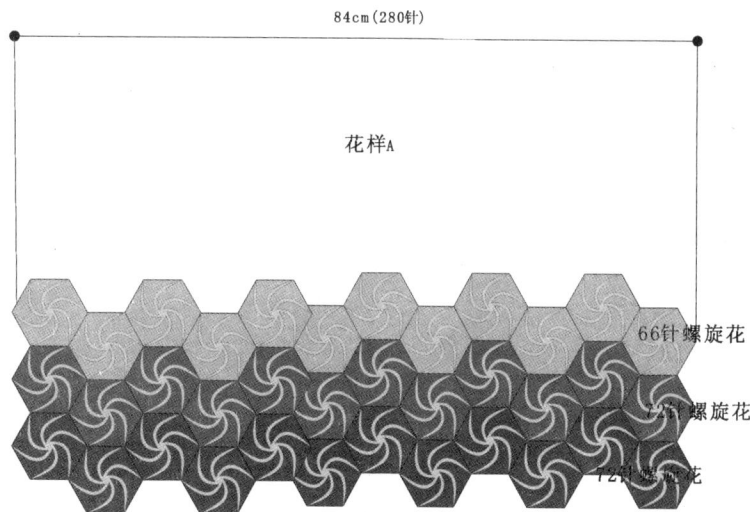

66针螺旋花

螺旋花单元花图解

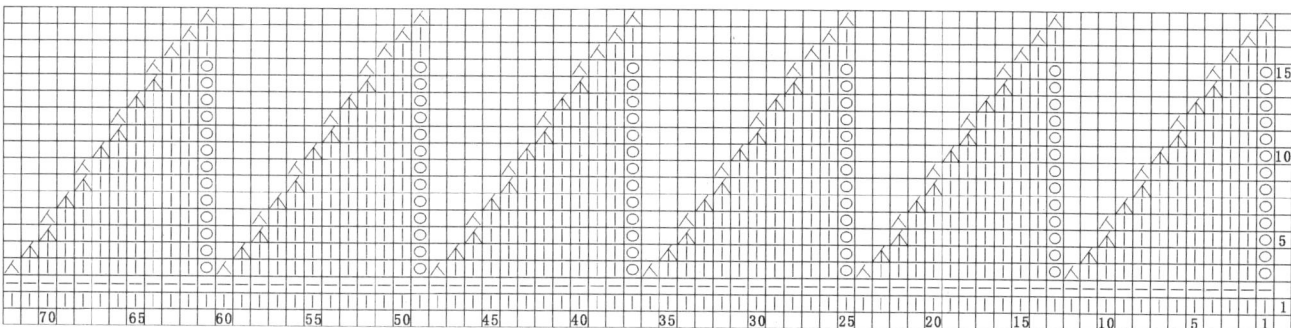

我的白色情怀

【成品规格】衣长51cm，胸围82cm，肩宽37cm
【工　　具】1.5mm钩针一支
【材　　料】白色九色鹿丝绵线200g
【编织要点】

　　1. 起180针由领口开始钩，按图解逐渐加针，钩完第四组花分袖，左右腋下各加一组花。

　　2. 衣服钩好后用短针钩边，钩5行，领口按图解钩。

袖口门襟及下摆花边针法　　领口针法

21cm

17cm

34cm

41cm

袖

袖

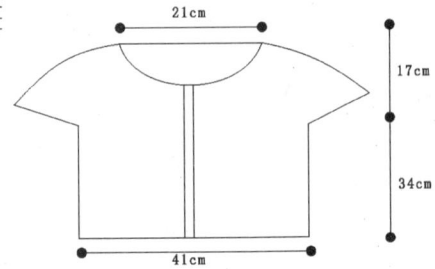

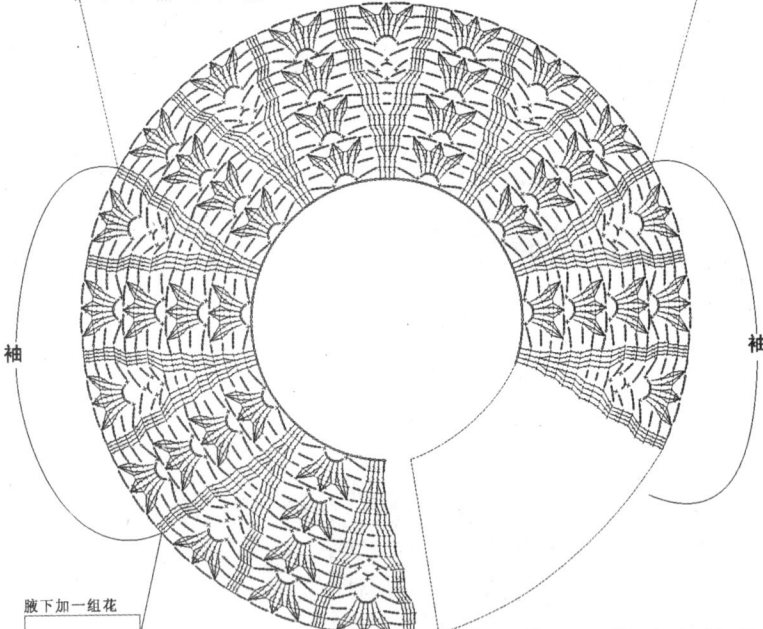

腋下加一组花

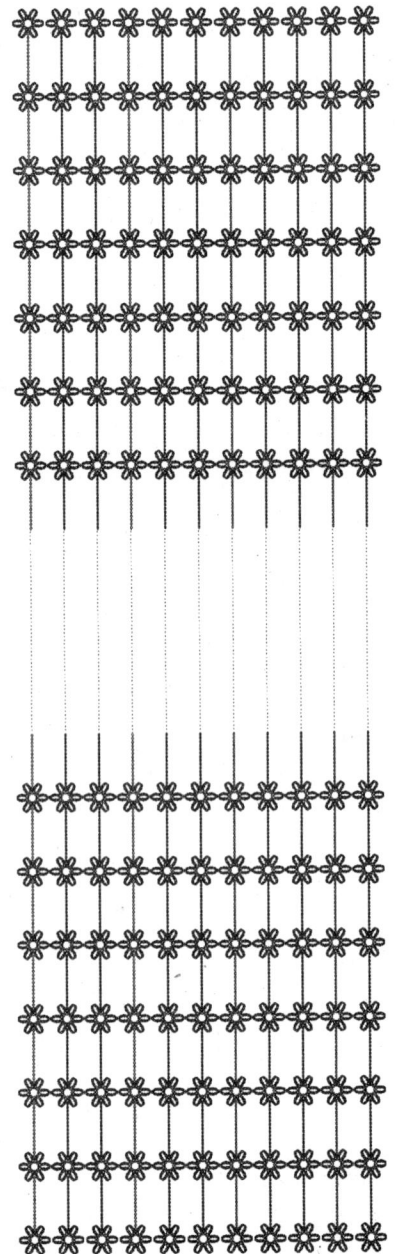

韵味

【成品规格】衣长64cm，袖长21cm，胸围86cm，肩宽36cm
【工　　具】11号棒针一付
【材　　料】九色鹿阿尔巴卡灰色600g，台湾亚克力手缝钻、水钻、木豆少许
【编织要点】
　　1.底边起120针织双罗纹，织16.5cm后每3针加1针均匀加至160针，前片织花样A，后片织下针。按图解肩部收针，按图解收领。
　　2.织三片树叶缝在衣服相应位置，并绣上图案。

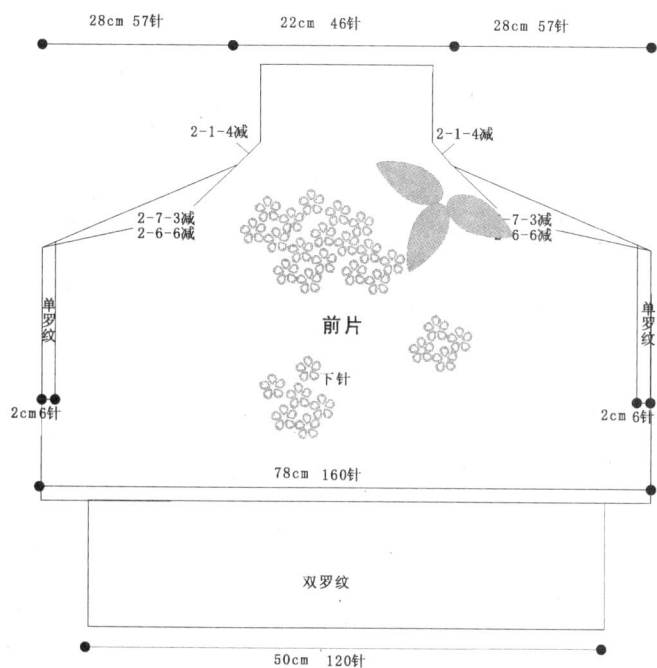

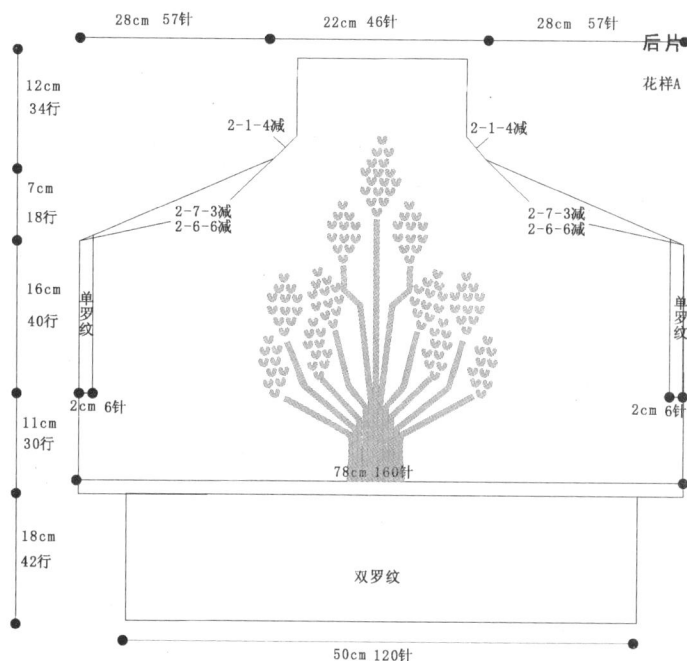

花样A

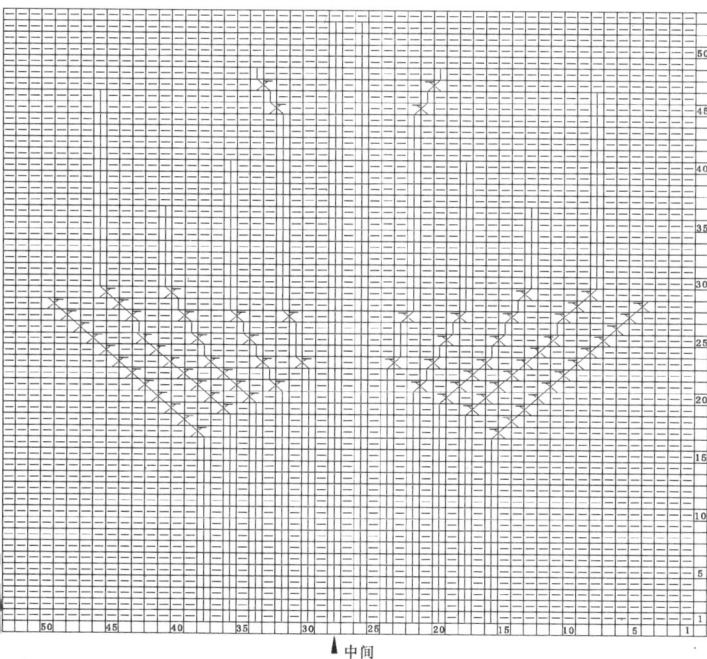

单片叶子的织法

菊叶绣

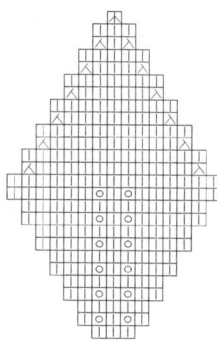

卷针环绣

织钩结合不规则时尚男式丝棉衫

【成品规格】衣长70cm，袖长61cm，胸围110cm，肩宽46cm
【工　　具】8号、9号棒针各一付，2.0钩针1支
【材　　料】九色鹿春夏系列丝绵线（白色）1000g
【编织要点】
　　1. 底边起296针织双罗纹，织28行后20行下针和编织花样，中间停织，左右各织64针织36行，然后在中间起168针，将左右连接在一起，按图分袖隆、领窝。
　　2. 按图分别织左袖和右袖，领口挑织双罗纹。
　　3. 按图解钩花边装饰在衣领，衣服留的空位。

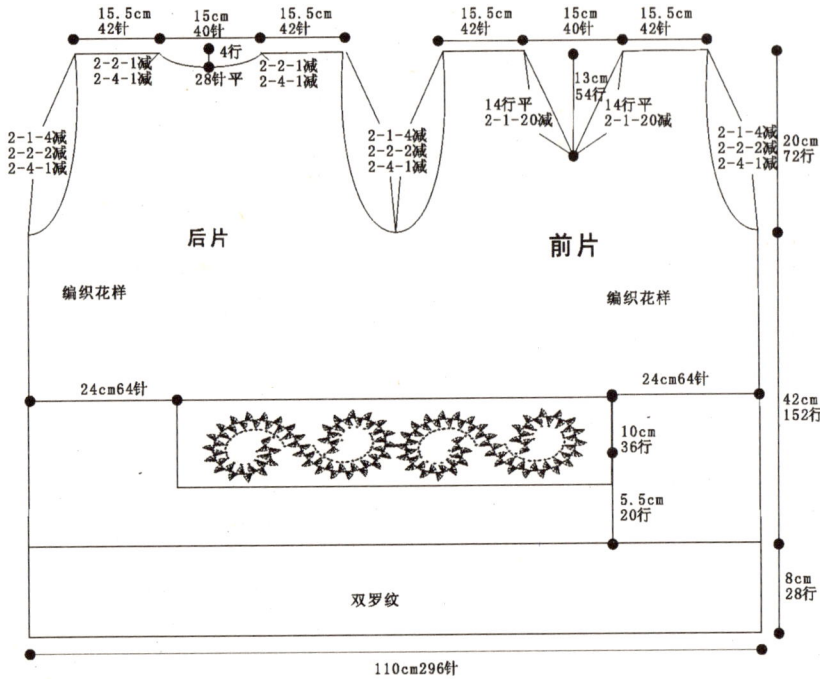

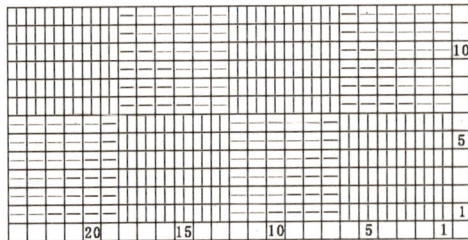

编织花样

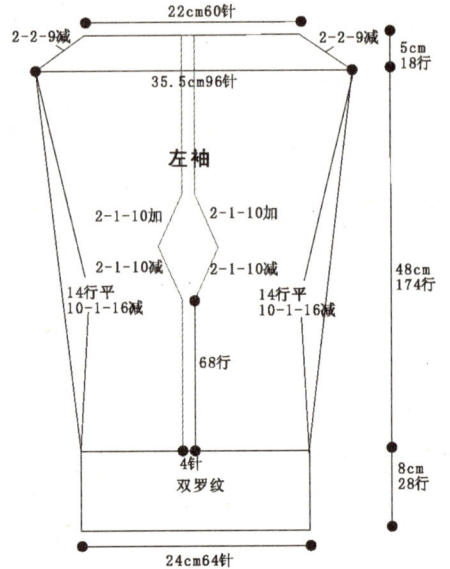

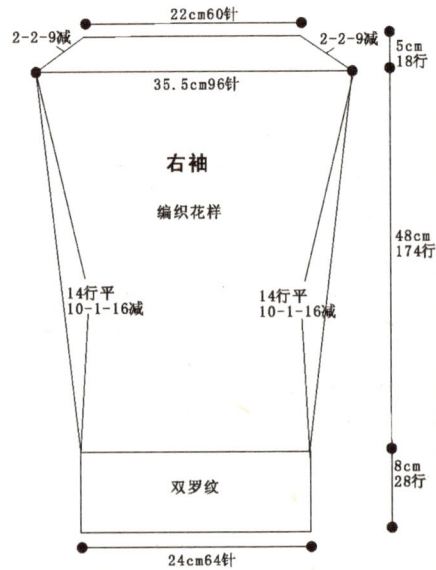

花边

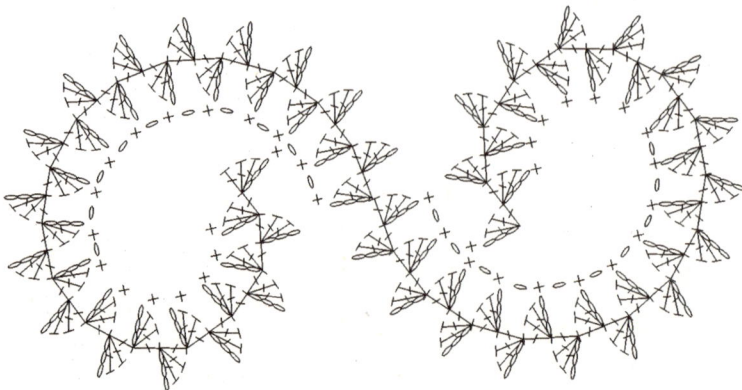

前领口织法

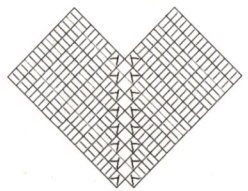

紫色情怀

【成品规格】衣长55cm，胸围78cm，肩袖24cm
【工　　具】3.6mm棒针
【材　　料】九色鹿丝光棉线200g，深色50g，金丝线一小卷
【编织密度】25针×30行=10cm²
【编织要点】
　　毛衣分为前、后、袖、四个独立的单元片。前、后、袖片均是从下起针往上织，注意要按图示更换花样。

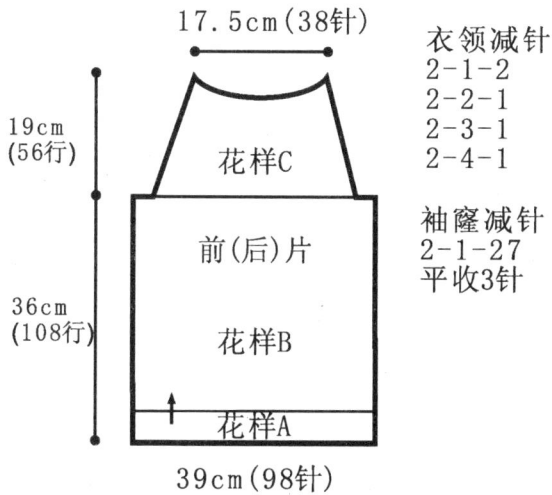

17.5cm（38针）

衣领减针
2-1-2
2-2-1
2-3-1
2-4-1

袖窿减针
2-1-27
平收3针

19cm（56行）

花样C

前(后)片

花样B

36cm（108行）

花样A

39cm（98针）

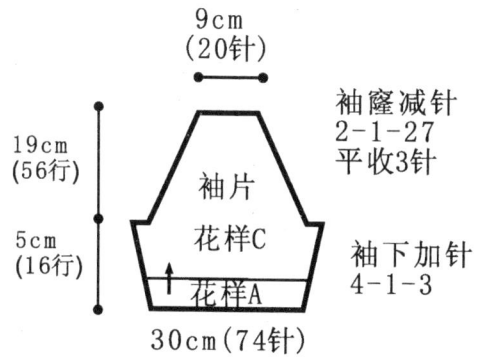

9cm（20针）

袖窿减针
2-1-27
平收3针

19cm（56行）

袖片
花样C

5cm（16行）

花样A

袖下加针
4-1-3

30cm（74针）

花样B针法图：

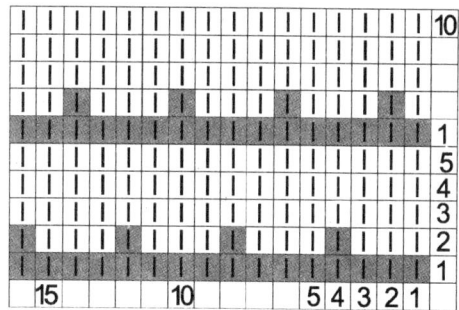

花样C针法图：

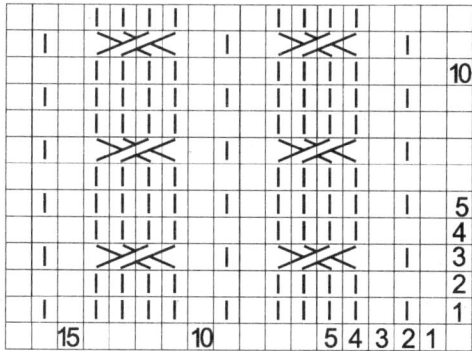

针法符号说明：

| =下针

□ =上针

O =加针

⬭ =2针下针左上交叉

▱ =先将7针并为1针，然后再通过反复加针织成7针

■ =A色

■ =B色

◎ =织法如同织下针，只是线要绕两次然后从针圈中带出

花样A针法图：

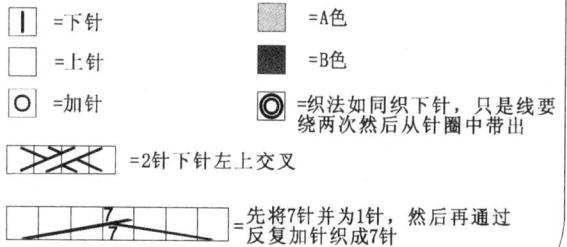

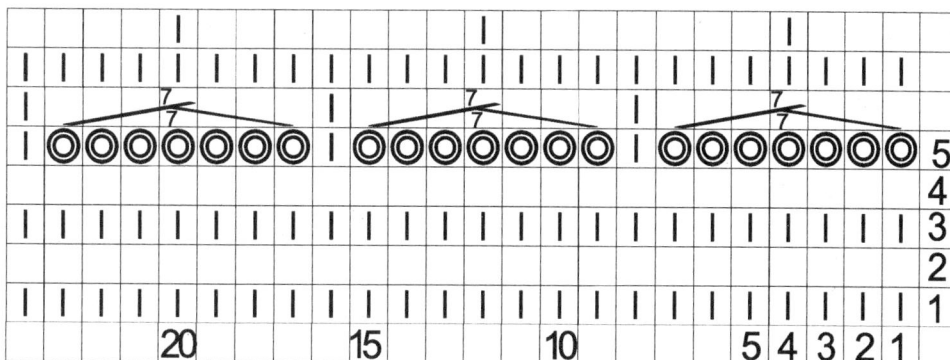

深

浅

深

浅

醉红颜

【成品规格】宽38cm，长176cm，领高19cm，领宽38cm
【工　　具】3.5mm钩针
【材　　料】九色鹿新小马海毛大红色100g
【编织要点】

　　披肩主体部分为从中间起针往两端编织。宽度为38cm织到端头适当部位后两侧适当减针使之成园弧形状。采用同样的方法钩织一个半径为19cm的半圆，和主体部分的中心线对齐、合并。

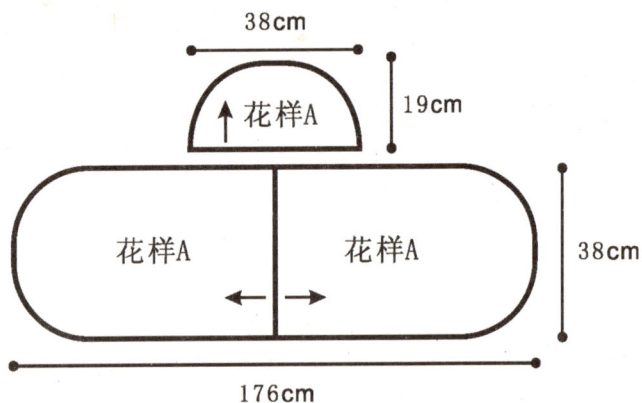

针法符号说明：

○ =锁针　　　┳ =中长针

✕ =短针　　　┞ =长针

花样A针法图：

自由行走的花

【成品规格】衣长56cm，胸围86cm，肩宽34.5cm，袖长22cm
【工　　具】3.6mm、2.0mm钩针
【材　　料】九色鹿丝棉线蓝色400g，浅蓝色200g，白色少许
【编织密度】20针×30行=10cm²
【编织要点】
　　前、后片从下摆起针往上织。前片织到袖窿处时要分成左右两部分织。衣领袖口钩织6～10行短针。

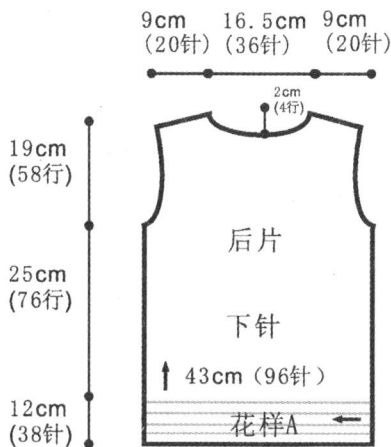

9cm　16.5cm　9cm
（20针）（36针）（20针）

19cm（58行）

25cm（76行）

12cm（38针）

后片

下针

↑ 43cm（96针）

花样A

后领减针
2-2-2
平收28针

袖窿减针
4-1-2
2-2-2
平收4针

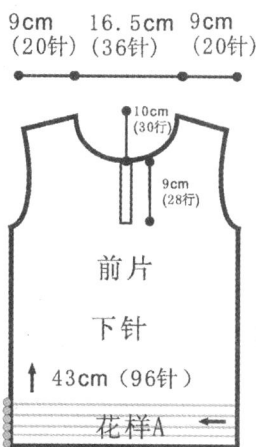

2cm（4行）

9cm　16.5cm　9cm
（20针）（36针）（20针）

19cm（58行）

25cm（76行）

12cm（38针）

前片

下针

↑ 43cm（96针）

花样A

前领减针
4-1-2
2-2-2
2-3-1
2-4-1
平收5针

袖窿减针
4-1-2
2-2-2
平收4针

10cm（30行）

9cm（28行）

袖片

36cm

30cm

花样C

12cm

10cm

花样A针法图：

袖山底层针法图：

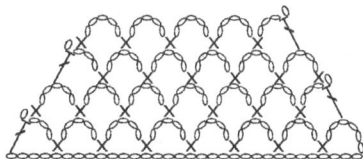

袖山上层针法图：

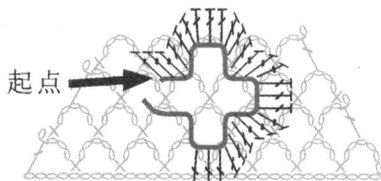

起点

按"十"字行走。将起止点闭合后一圈花样完成。

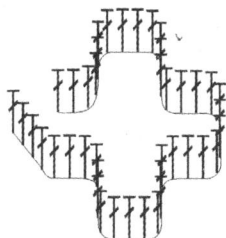

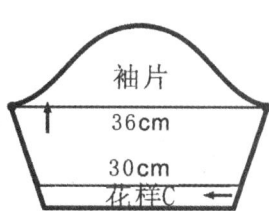

装饰小花针法图：

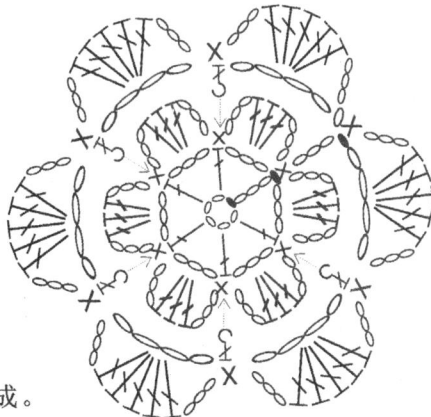

装饰叶针法流程图：

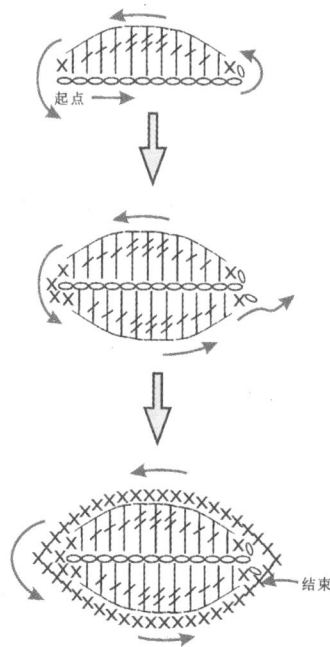

起点

结束

针法符号说明：

◯ =锁针　　● =引拔针

✕ =短针　　† =长针

九色鹿杯编织人生编织大赛作品集　127

淡绿锁深院

【成品规格】衣长82cm，胸围82cm，肩宽32cm，袖长24.5cm
【工　　具】33mm棒针
【材　　料】九色鹿丝绵系列淡绿色400g
【编织密度】33针×45行=10cm²
【编织要点】

前片分为上下两部分编织，下部分容易理解，上部分为起33针织成半圆形后，再在起针处挑出33针和半圆结束时的33针一起往上编织；后片从下往上编织，裙片横向编织。花样A以每个对叶为一个单元，可以根据自己的喜好将它们随意灵活地放置在袖子的前后和后背的两侧。

前片（下）

2-1-18
2-2-2
2-3-1

12cm（36行）

5cm（20行）

双罗纹针

25针　23针　49针　23针　25针

41cm（145针）

前片（上）

6cm（20针）

前领减针
4-2-4
6-2-6
4-2-5
2-1-1
平收6针

21cm（94行）

袖窿减针
4-2-6
2-2-1
平收6针

花样A

起33针（33针）

花样A

针法符号说明：

| | =下针
□ =上针
○ =加针
⊼ =右3针并1针
⊼ =左3针并1针

6cm（20针）　19.5cm（65针）　6cm（20针）

后领减针
2-2-2
平收61针

2cm（4行）

后片（上）

32cm（105针）

袖窿减针
4-2-6
2-2-1
平收6针

21cm（94行）

花样A

12cm（36行）

5cm（20行）

双罗纹针

41cm（145针）

双罗纹针针法图：

花样A针法图：

袖山减针
6-2-7
8-2-5
4-2-5
平收6针

13cm（44行）

袖片

裙片
花样B

6.5cm（26行）

36cm（119针）
花样A

袖下加针
2-1-12

44cm（145针）

5cm（20行）

双罗纹针

29cm（95针）

花样B针法图：

枫叶红

【成品规格】衣长90cm，胸围106cm，肩宽34cm，袖长56cm
【工　　具】3mm棒针
【材　　料】九色鹿美丽奴美丽诺羊毛大红760g，九色鹿纤丝马海毛100g
【编织密度】35针×45行=10cm²
【编织要点】
　　从后片下摆处开始起91针，按花样A针法图编织织128行，然后通过多次提前返回使1/4圆形成即衣服的圆角部分；披领部分编织方法同1/4圆处相同；袖口处分别横织1/2个叶子花，然后挑针向上编织到袖山处。门襟处横向挑针织双罗纹针注意要和平收的11针平齐。

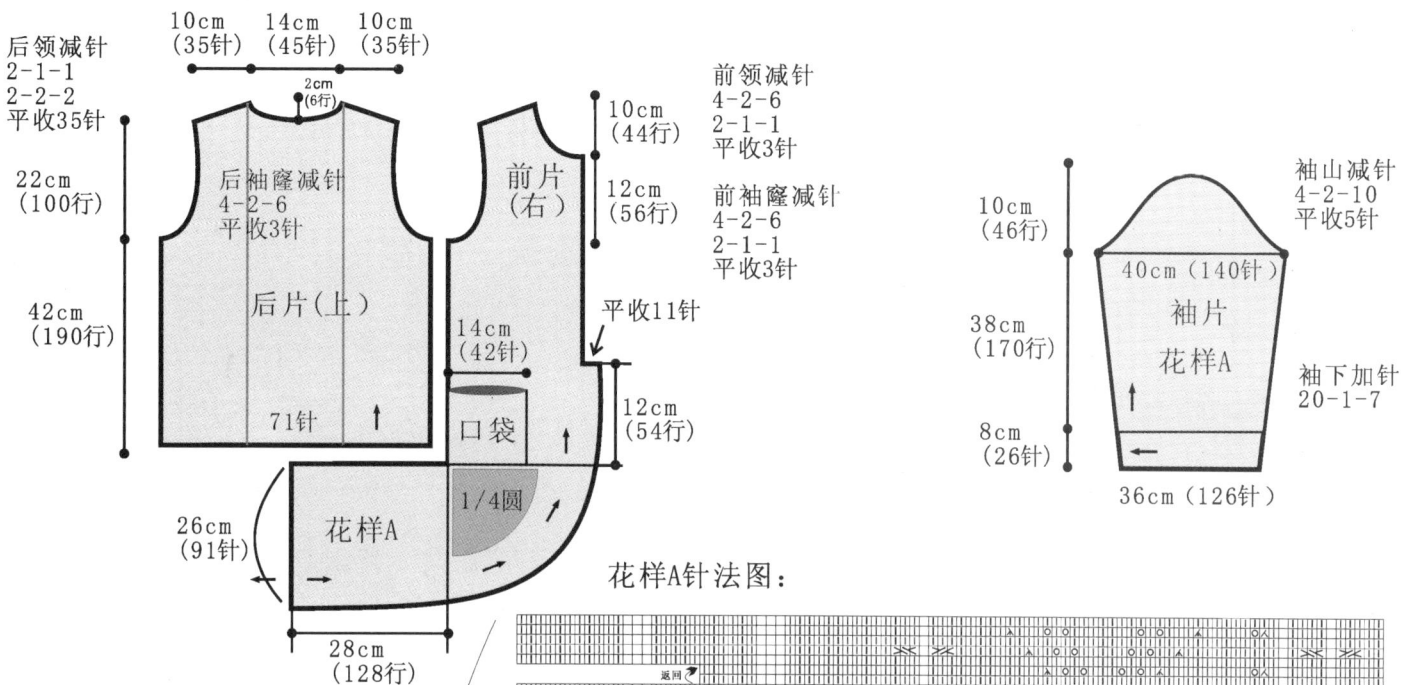

后领减针
2-1-1
2-2-2
平收35针

10cm（35针）　14cm（45针）　10cm（35针）

2cm（6行）

22cm（100行）

后袖窿减针
4-2-6
平收3针

后片（上）

42cm（190行）

71针

前领减针
4-2-6
2-1-1
平收3针

前片（右）

10cm（44行）

12cm（56行）

前袖窿减针
4-2-6
2-1-1
平收3针

14cm（42针）

平收11针

口袋

12cm（54行）

26cm（91针）

花样A

1/4圆

28cm（128行）

通过多次的提前返回编织，
使编织物形成1/4圆的形状

袖山减针
4-2-10
平收5针

10cm（46行）

40cm（140针）

袖片
花样A

38cm（170行）

袖下加针
20-1-7

8cm（26针）

36cm（126针）

花样A针法图：

返回

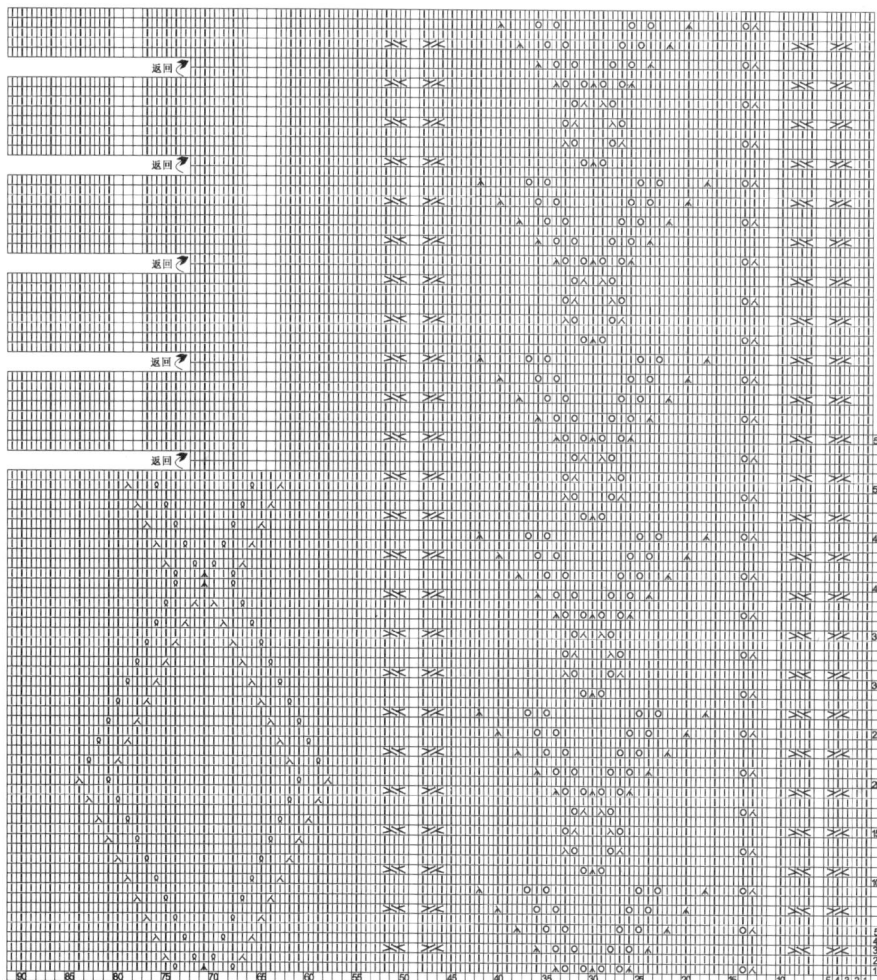

针法符号说明：

┃ =下针	人 =2针并1针
□ =上针	入 =拨收1针
○ =加针	人 =中上3针1并针

✕✕ =2针下针和1针下针左上交叉

✕✕ =2针下针和1针下针右上交叉

红粉佳人

【成品规格】衣长72cm，胸围102cm，肩袖宽51cm
【工　　具】2.32mm钩针
【材　　料】九色鹿丝柔韧系列350g
【编织要点】
　　衣服为直统衣，由下摆起针往上钩织。整件衣服不加减针钩至留袖口时，在左右前片的衣服襟边适当收针。先钩单元花，边钩边将单元花依次连接。然后在连接好的单元花上挑针钩花样A，钩26cm后换横向钩织花样B，为腰部横钩7cm后，继续钩花样11cm后留袖口，不加减针钩织18cm。最后沿门襟挑针钩边缘花样。

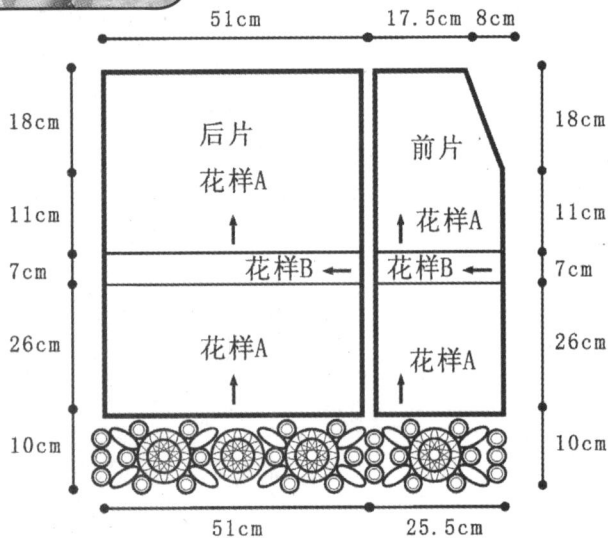

花样A针法图：

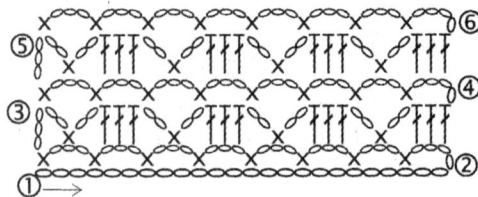

花样B针法图：

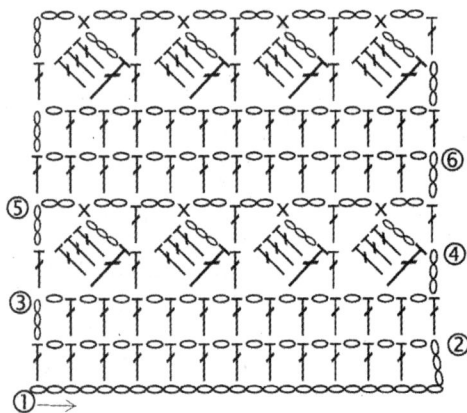

门襟花样针法图：

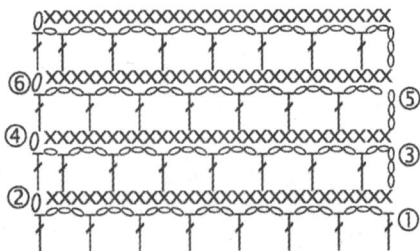

针法符号说明：
〇=锁针　　●=引拔针
✕=短针　　↑=长针

下摆花样针法图：

秋天的童话

【成品规格】长100cm，宽30cm
【工　　具】3.2mm棒针
【材　　料】九色鹿银座系列5111线500g
【编织密度】24针×30行=10cm²
【编织要点】

　　起251针，以中间的一针为中心点，每织2行收2针收到97针，然后领子处9针收为3针打折，一片打六个褶，每个褶中间隔5针。最后平收针。用钩针每5针钩7针短针钩2行再用直针挑出领子织9cm双罗纹针。在下摆花式边的角处装上流苏，每个颜色一根一共4根。

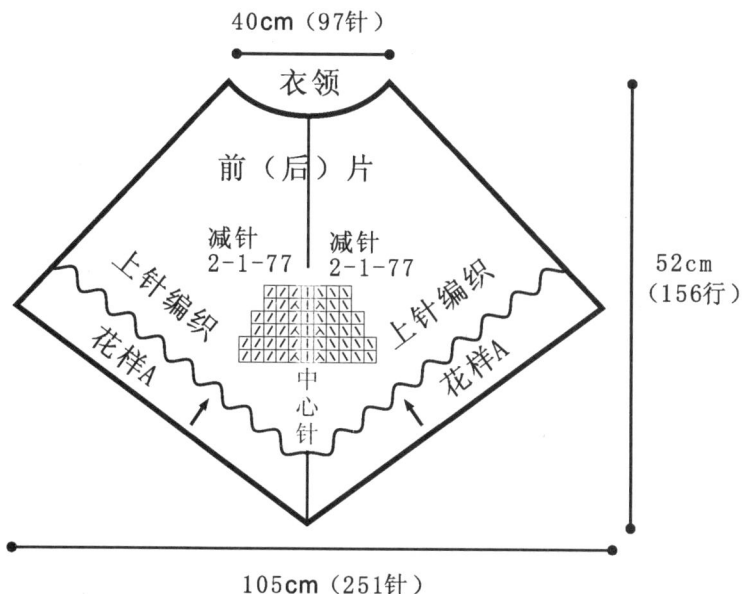

40cm（97针）

衣领

前（后）片

减针 2-1-77　减针 2-1-77

上针编织　　上针编织

花样A　　花样A

中心针

52cm （156行）

105cm（251针）

衣领褶子剖面图：

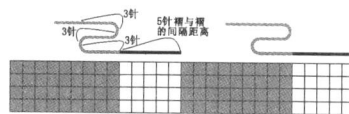

3针　　3针　　5针褶与摆的间隔距离

说明：将灰色部分的9针按上面线条的剖面形状打褶并减成3针。白色5针为褶子之间的间隔距离。

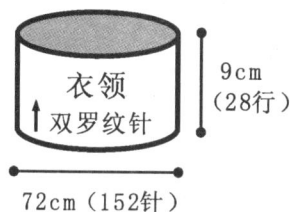

衣领 ↑ 双罗纹针

9cm （28行）

72cm（152针）

棒针针法符号说明：

| =下针　　　O =加针

□ =上针　　　人 =2针并1针

木 =中上3针并1针　　X =拨收1针

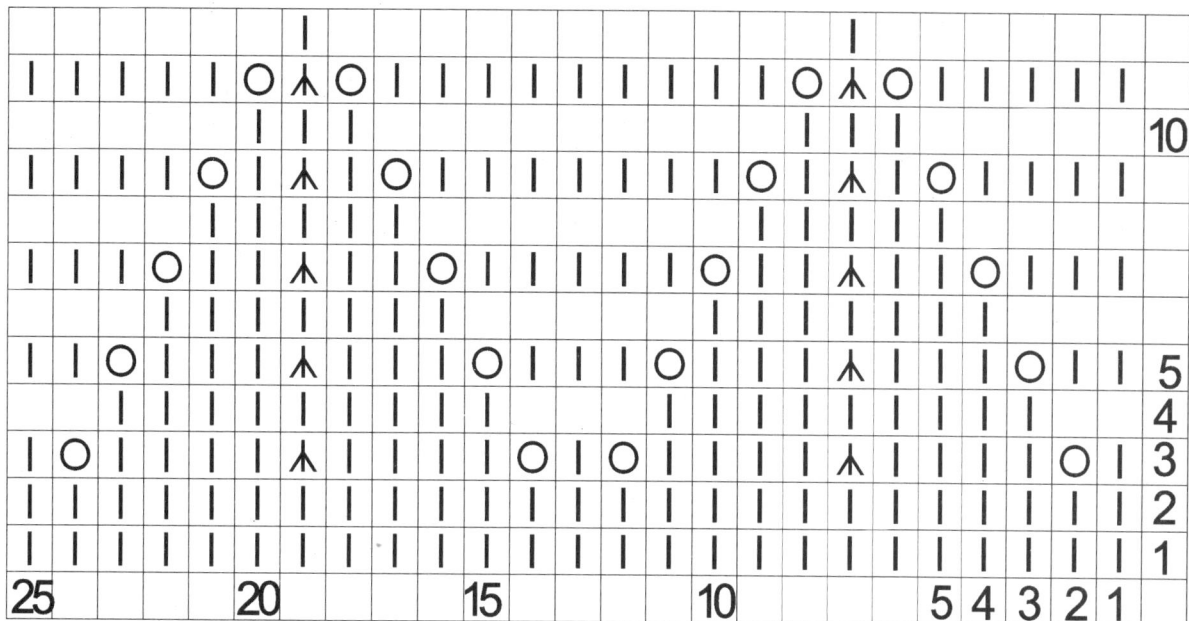

双罗纹针针法图：

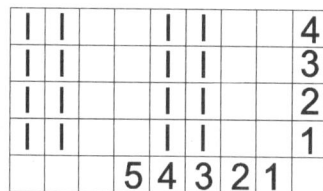

4
3
2
1

5 4 3 2 1

花样A针法图：

10

5
4
3
2
1

25　　20　　15　　10　　5 4 3 2 1

秋天的温暖

【成品规格】直径66cm，胸围62cm
【工　　具】2.0mm钩针一支
【材　　料】九色鹿9089 GINNZA 银座 5116线300g，毛球30个
【编织要点】

　　1. 由圆心开始钩起，第5圈12针长针，第2圈每针加1针，第3、4圈每3针加1针，第5圈每4针加1针。第6、7圈每5针加1针，第8、9圈每6针加1针，第10圈每7针加1针，第11圈每8针加1针，第12圈每9针加1针，第13圈不加针，第14、15圈每12针加1针，第16圈每13针加1针，第17圈每14针加1针，第18圈每15针加1针，第19圈每16针加1针，第20圈每17针加1针，之后依此类推。

　　2. 按图钩边，并缝上毛球。

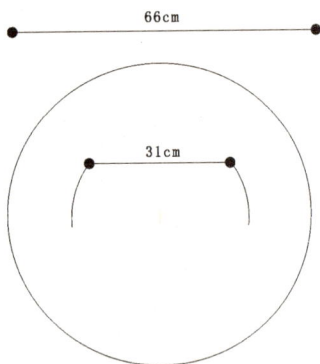

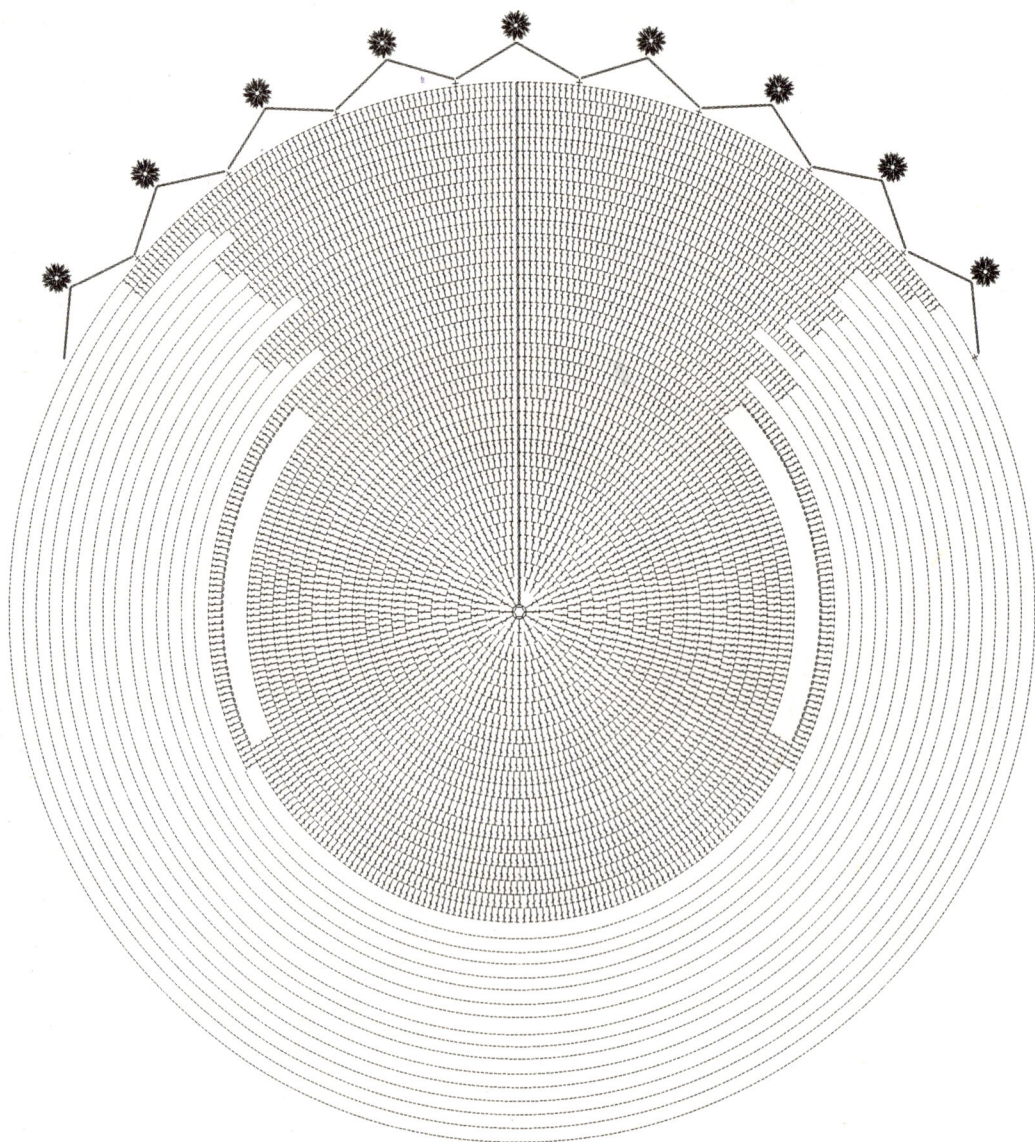

叶儿情

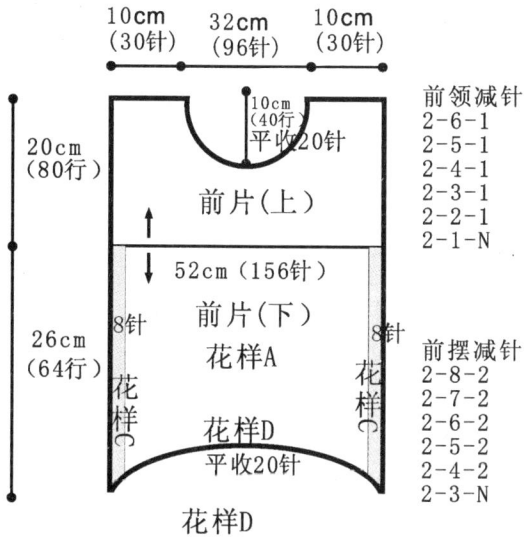

【成品规格】衣长60cm，胸围104cm，肩宽52cm，袖长46cm
【工　　具】2.3mm、2.6mm棒针 2mm 钩针
【材　　料】九色鹿丝绵450g，两粒花色桶珠玛瑙，那串吊饰品材料为：红珊瑚小圆珠；红珊瑚碎石；黑色玛瑙小圆珠
【编织密度】30针×40行=10cm²

【编织要点】
　　前片分为上下两部分织。后片也是分左右两片织。

　　1. 中间斜筋花样为4针麻花，从底边起40针后加至60针时开始起麻花，每两排后麻花最左边加1针同时麻花最右边收1针，这样就能自然形成斜度麻花。

　　2. 后片上部分中间花样是5个4针麻花，先从中间麻花编织，每到第4排相交后开始编织边上两组麻花保留中间两反针+6针平针（这6针平针是每编织两排就要减掉1针，这样处理，能使此处形成自然的褶皱感）。

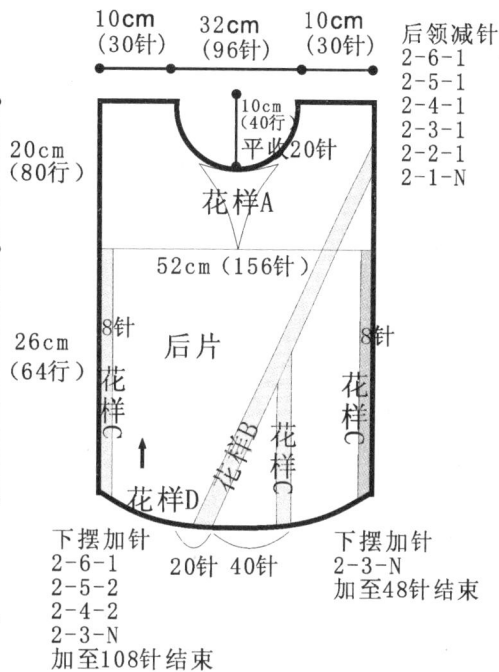

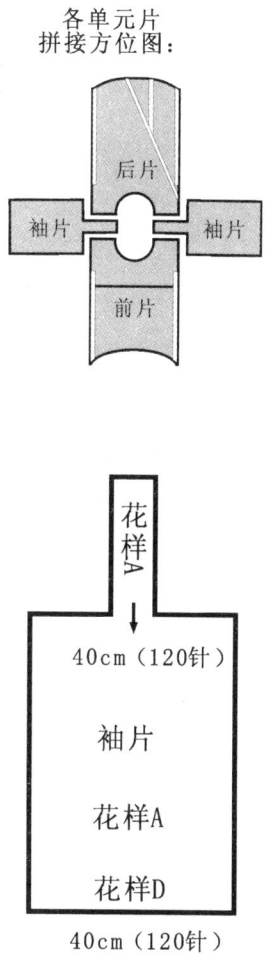

各单元片
拼接方位图：

花样A针法图：

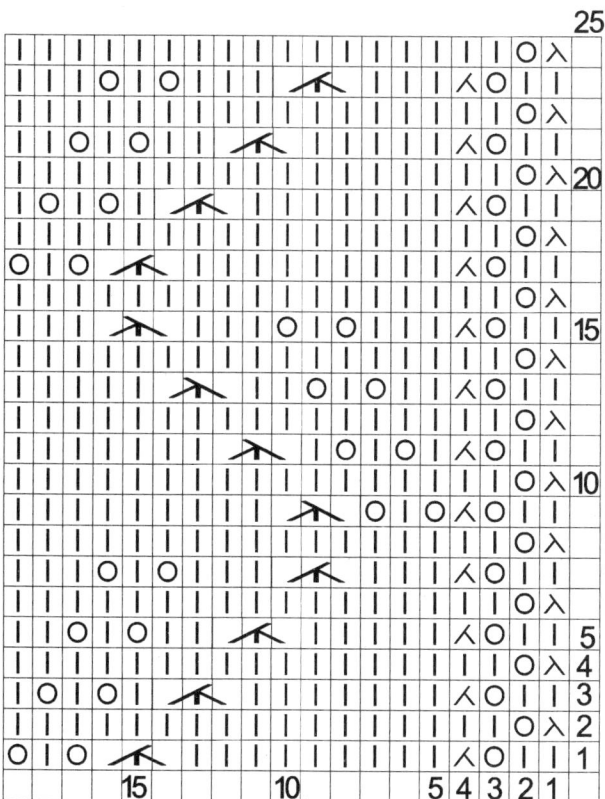

花样B针法图：

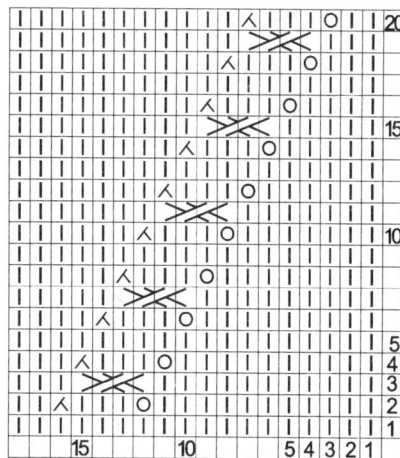

针法符号说明：

| =加针
| | =下针
| | =上针
| | =2针并1针
| | =拨收1针
| | =2针下针左上交叉

花样C针法图：

花样D针法图：

月照花林

【成品规格】衣长110cm，胸围95cm，肩宽34cm，袖长52cm
【工　　具】2mm钩针
【材　　料】九色鹿长段染马海毛300g
【编织要点】
　　衣服为单元花样拼接而成。先分别钩织好各单元花样，然后按结构图形连接好，最后在衣领、门襟及袖口钩织一行短针。

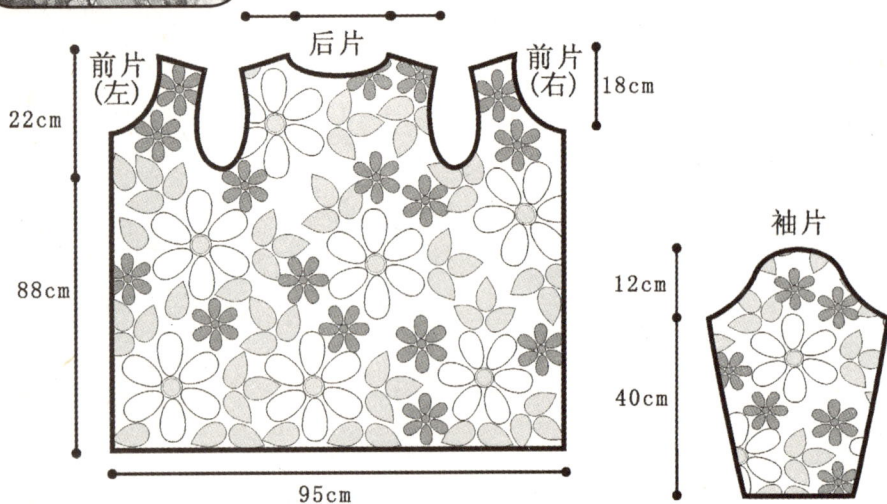

前片（左）　　后片　　前片（右）

22cm　　　　　18cm

88cm

95cm

袖片

12cm

40cm

针法符号说明：

○ =锁针　　　　⊤ =中长针
✕ =短针　　　　￤ =长针
● =引拔针
⊟ =3针长针并为1针

花瓣针法走向图：

⑦　　　　　⑥
⑤　　　　　④
　③　　　　
　　①　　②

小单元花样针法图
及连接方法：

紫玫瑰

【成品规格】衣长48cm，胸围92cm，肩宽34cm，袖长51cm
【工　　具】4.4mm 棒针，3.5mm 钩针
【材　　料】黑貂系列500g，安伯士乐谱线400g
【编织密度】20针 × 30行=10cm²
【编织要点】
　　衣服为直统衣，由下摆起针往上编织。左右前片为不对称形式。衣领及袖口用单元花装饰。单元花样可按相关法图先钩织一个长条形状，然后从一端卷往另一端使形成花朵状，在反面用手针固定好，连接成长条，每个长条花在拼接时要错落有致，达到完美的效果。

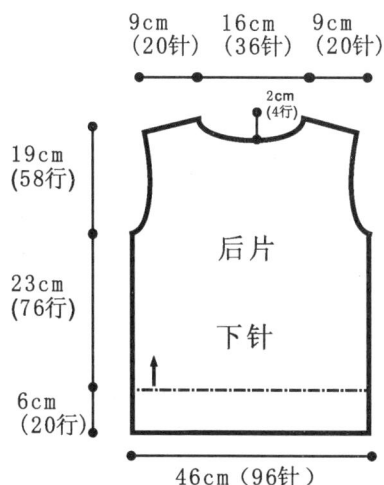

9cm（20针）　16cm（36针）　9cm（20针）

后领减针
2-2-2
平收28针

袖窿减针
4-1-2
2-2-2
平收4针

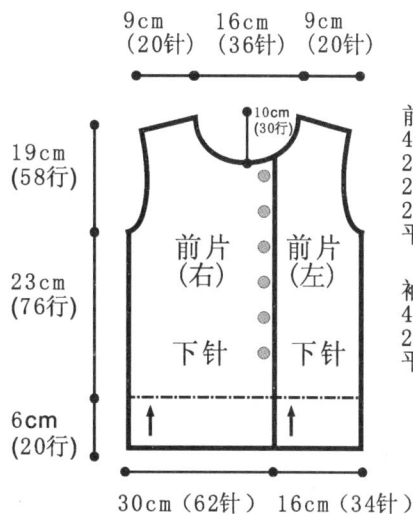

2cm（4行）

19cm（58行）

23cm（76行）

后片
下针

6cm（20行）

46cm（96针）

9cm（20针）　16cm（36针）　9cm（20针）

前领减针
4-1-2
2-2-2
2-3-1
2-4-1
平收5针

袖窿减针
4-1-2
2-2-2
平收4针

10cm（30行）

19cm（58行）

23cm（76行）

前片（右）　前片（左）
下针　　　下针

6cm（20行）

30cm（62针）　16cm（34针）

针法符号说明：

◯ =锁针
✕ =短针
┃ =长针

袖山减针
4-2-10
平收5针

12cm（36行）

40cm（80针）

袖片
下针

30cm（90行）

袖下加针
6行平
12-1-7

9cm

花朵

33cm（66针）

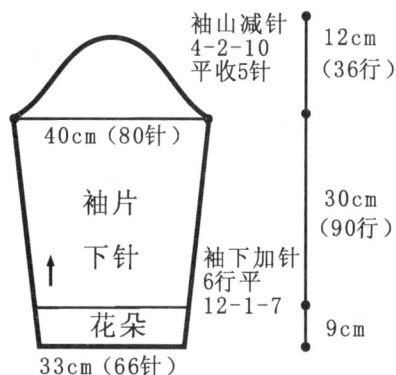

单元花样针法图：

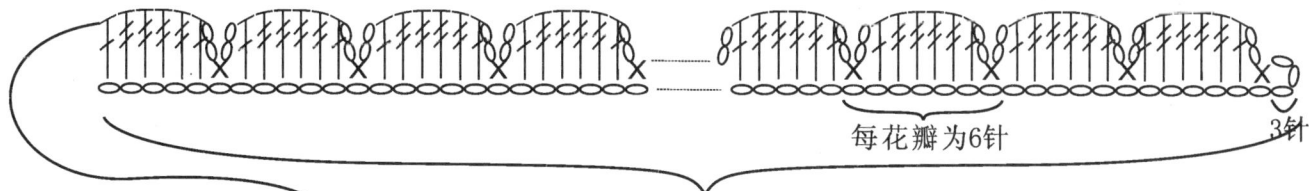

将毛线留80cm长的线头，用于花朵的缝合。

每花瓣为6针

3针

共有15个花瓣×6针+3针=93针

花朵从一头开始往另一头卷，最后用剩下的线头在反面固定好。

简爱

【成品规格】衣长49cm，胸围62cm
【工　　具】13号和10号环针
【材　　料】九色鹿丝棉5209号300g
【编织要点】

　　1. 后片底边（1股线）用13号起104针（102针+2针边）片织，织40行，身体（2股线）换10号针织，每4针加1针，共130针，织89行。第90行的织法是两边各是织13针下针，中间2并1针织，余78针，然后往上织6行。再另起78针织2下针2上针，一共织8行，之后合并织下针。在织8行的时候开始留袖窿。两边织4针织1行下针1行上针，内侧开始减针，（按2针并1针方法减针）领窝也留4针织1行上针1行下针，内侧减针。

　　2. 前片的织法和后片一样织到89行，第90行并减针，具体如下：织12针，就2并1，共并10次，再织褶皱12针褶减成4针，共织2褶皱，再织18针，又织2褶皱，再2并1，并10次，最后织12针，这样一共78针。之后也是另起78针织2下针2上针，织8行。两片合并织下针。

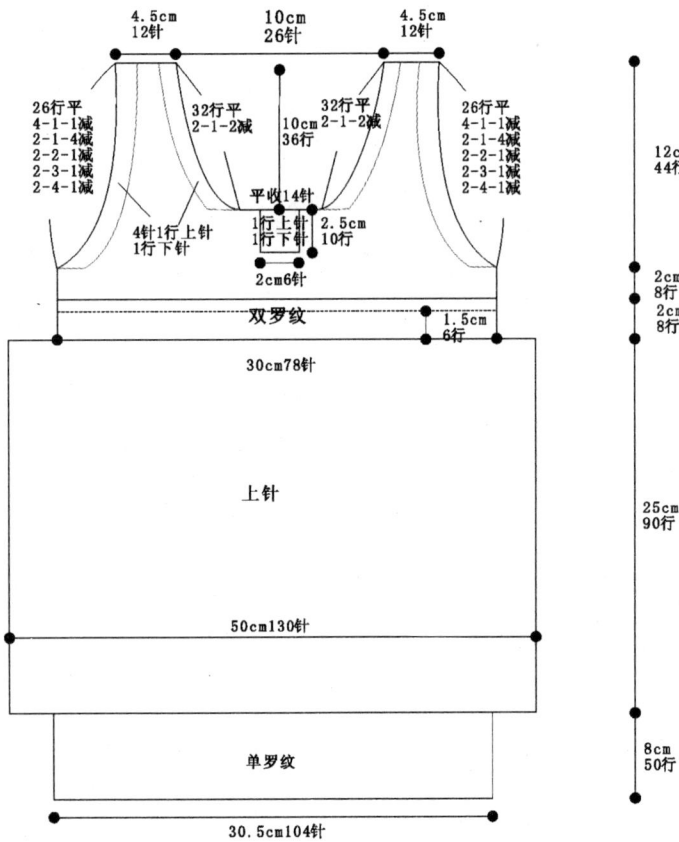

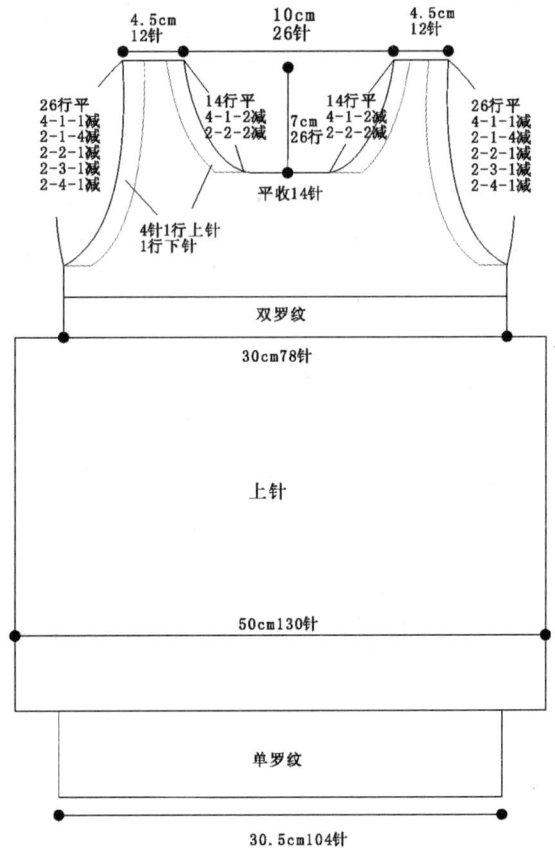

左图标注：

- 4.5cm 12针 | 10cm 26针 | 4.5cm 12针
- 26行平 | 4-1-1减 | 2-1-4减 | 2-2-1减 | 2-3-1减 | 2-4-1减
- 32行平 2-1-2减
- 10cm 36行
- 32行平 2-1-2减
- 26行平 | 4-1-1减 | 2-1-4减 | 2-2-1减 | 2-3-1减 | 2-4-1减
- 4针1行上针 1行下针
- 1行上针 1行下针
- 平收14针
- 2.5cm 10行
- 2cm6行
- 双罗纹
- 1.5cm 6针
- 30cm78针
- 上针
- 50cm130针
- 单罗纹
- 30.5cm104针

中间尺寸标注：
- 12cm 44行
- 2cm 8行
- 2cm 8行
- 25cm 90行
- 8cm 50行

右图标注：

- 4.5cm 12针 | 10cm 26针 | 4.5cm 12针
- 26行平 | 4-1-1减 | 2-1-4减 | 2-2-1减 | 2-3-1减 | 2-4-1减
- 14行平 4-1-2减 2-2-2减
- 7cm 26行
- 14行平 4-1-2减 2-2-2减
- 26行平 | 4-1-1减 | 2-1-4减 | 2-2-1减 | 2-3-1减 | 2-4-1减
- 4针1行上针 1行下针
- 平收14针
- 双罗纹
- 30cm78针
- 上针
- 50cm130针
- 单罗纹
- 30.5cm104针

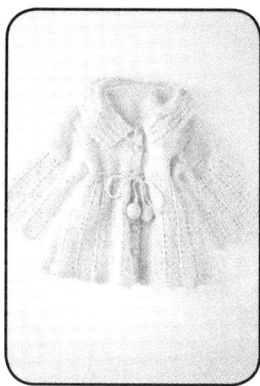

白色天使

【成品规格】衣长45cm，胸围70cm，袖长26cm
【工　　具】2.5mm钩针一支
【材　　料】九色鹿索菲娅花式圈圈纱450g
【编织要点】
　　1. 按图解先钩衣服的上半部分后片起68针，前片起34针，钩长针。按图解留领窝及袖窿。
　　2. 将钩好的上半部分缝合，向下钩花样B。前片平均分配6个花样，后片分配12个花样。
　　3. 按图钩袖子及在领口挑衣领，按图解花样钩编。门襟钩3行短针，钩两个线球及一条绳子串在衣服上做装饰。

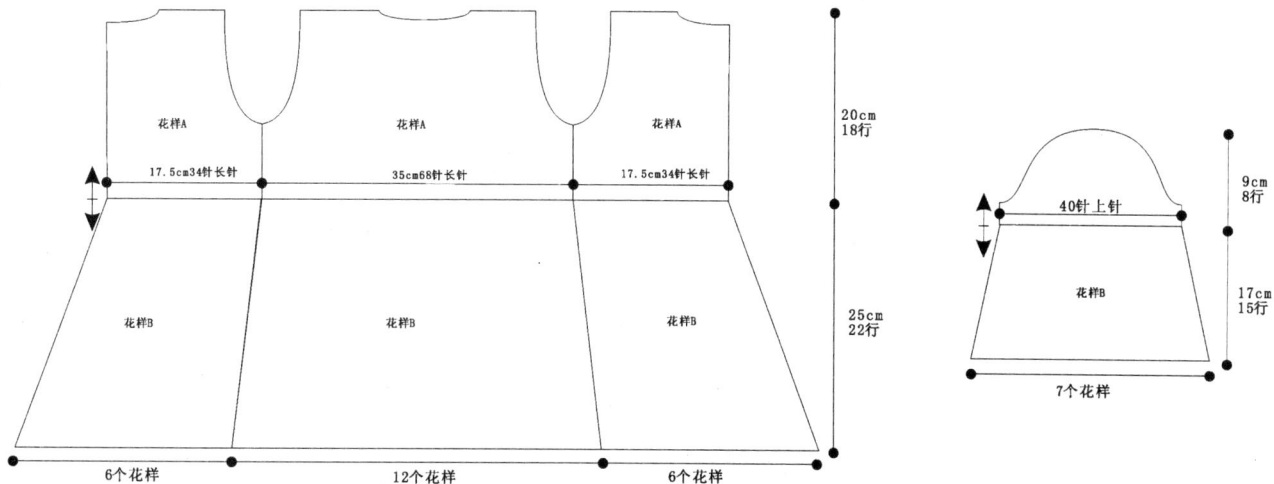

袖口和前片领口的收针方法

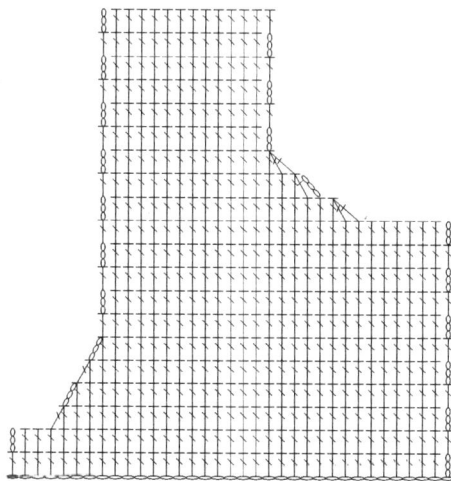

后领窝的钩法

袖子上半部分钩法

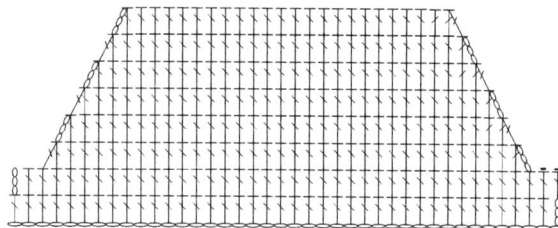

线球的钩法

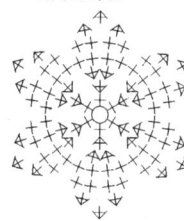

领子的钩法

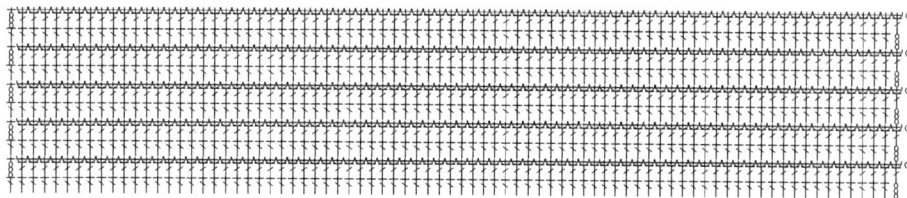

花样B

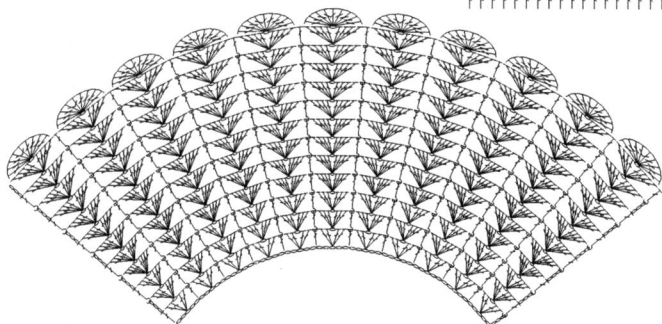

花样A

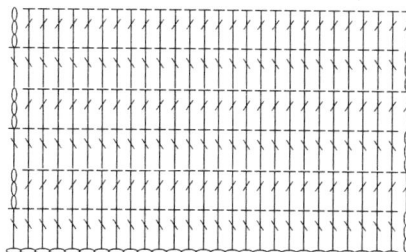

冰之彩

【成品规格】衣长51cm，胸围68cm，袖长53cm
【工　　具】8号环针一副
【材　　料】九色鹿冰岛之彩400g
【编织要点】

　　1. 下摆起336针，织6.5cm，开始收针，收针方法：2并1，3并1，2并1，3并1，直到减至132针，再织26.5cm，亮片用一股黑色线穿起来，合了3股同样的线一起织，织1行再织冰岛线。

　　2. 织到袖窿位置前后片两端各收3针，袖窿处加44针，袖片每隔4行两边各收1针，前后片每隔2行两边各收1针。

　　3. 袖子从上往下织，起54针，隔12行中间收并2针，收7次后，隔2针放1针，织11行改织1行上针，1行下针，上针收针结束。

　　4. 围脖起34针，织到够上头围收针。起针和收边都织狗牙针，这样就留出了洞洞可以穿绳子。

86cm168针
1.5cm 4行 一行下针一行上针
5cm 14行
隔8行
1行黑线
隔8行
1行黑线
隔12行
每5针并成2针
1行黑线
隔8行
26.5cm 72行
1行黑线
隔8行
后片 下针
1行黑线
隔12行
1行黑线
隔8行
34cm66针
1行黑线
隔8行
1行黑线
2-1-19减 2-4-1减
2行平 4-1-9减
11cm 30行
2-1-19减 2-4-1减
2行平 4-1-9减
3cm 8行
27cm 52针
14cm38行
22.5cm 44针 袖
2-4-1减 2-8-3减
14cm28针
14cm28针
14cm38行
2-4-1减 2-8-3减
袖 22.5cm 44针
3cm 8行
27cm 52针
2行平 4-1-7减
2-1-15减 2-4-1减
隔8行
1行黑线
1行黑线
34cm66针
11cm 30行
2-1-15减 2-4-1减
隔8行
1行黑线
隔12行
前片 下针
1行黑线
隔8行
1行黑线
26.5cm 72行
隔8行
1行黑线
隔12行
1行黑线
隔8行
每5针并成2针
隔8行
1行黑线
5cm 14行
1.5cm 4行
86cm168针

腋下中线
28cm54针
袖 下针
12-1-7减　12-1-7减
31cm 84行
每2针加1针
20.5cm40针
3.5cm 10行
1.5cm 4行
一行下针一行上针
30cm60针

袖左边织法　　袖右边织法

围脖
17cm 34针
48cm130行

围脖起针　　围脖收针

别样童趣姊妹花

【成品规格】胸围70cm，衣长54cm，袖长7cm
【工　　具】13号棒针一幅，1.2mm钩针一支
【材　　料】九色鹿丝绵玫红色350g
【编织要点】

　　1. 按图解钩一朵单元花，在6个花瓣下面织，每个花瓣下面挑9针，一共54针，织5行下针，开始按图加针，织到最后织一圈太阳花，按图解前片留领窝。2行减1针10次，下面中心也留91针，其他收掉。

　　2. 两片中间补角，起43针，两边4行减1针，减到剩15针，缝合前后片。

　　3. 袖子起96针，织14行，腋下中心平收13针，上面2行减1针10次，再4行减1针减到35针，袖子收斜头，2行减5针7次缝合。

　　4. 下面共挑270针，按图织花边，27个花。

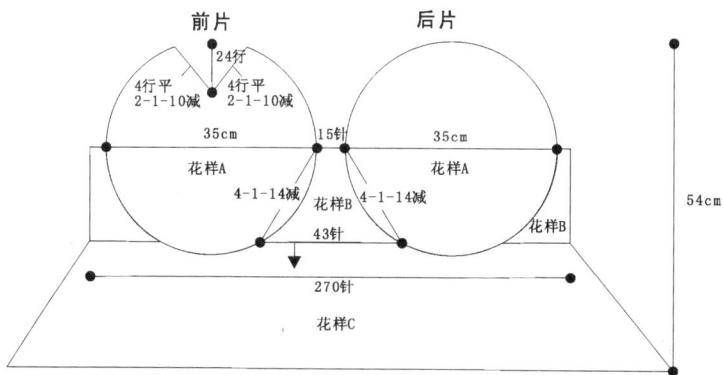

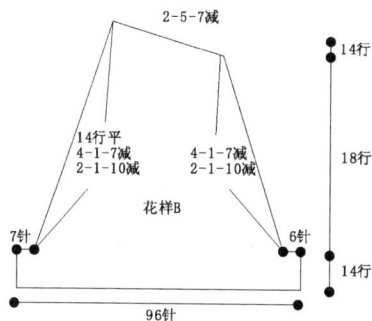

花样B

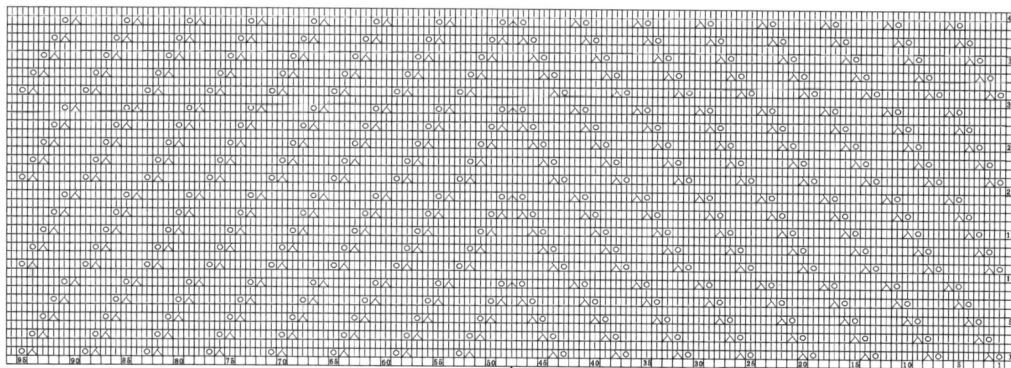

▲ 袖和补角的中线

圆心单元花

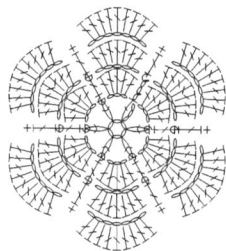

1/6花样A

花样C

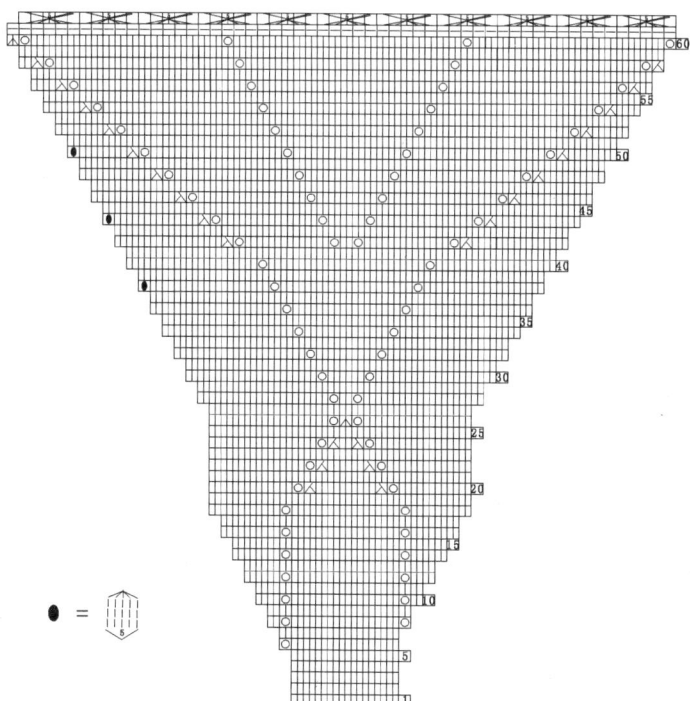

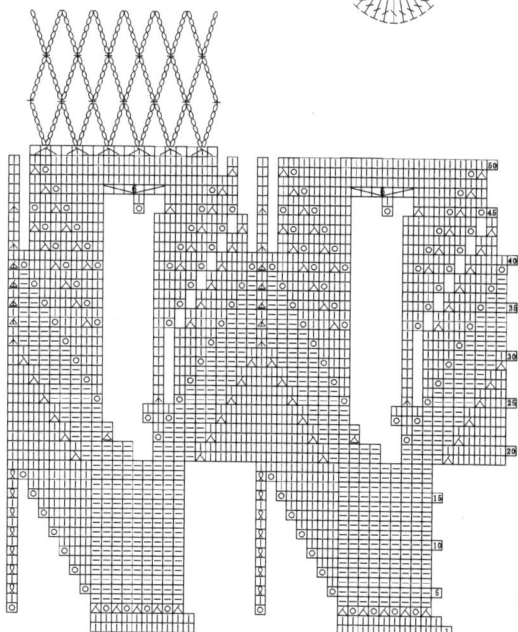

● = ⊞

纯爱

【成品规格】衣长39cm，胸围64cm
【工　　具】11号环针一付
【材　　料】九色鹿银座蓝色段染线150g，白色毛线50g
【编织要点】
　1.起180针由下向上编织，底边织18行单罗纹，衣身织下针。
　2.缝合后领口挑121针织8行单罗纹收针，袖口用白色线挑针织8行单罗纹收针。

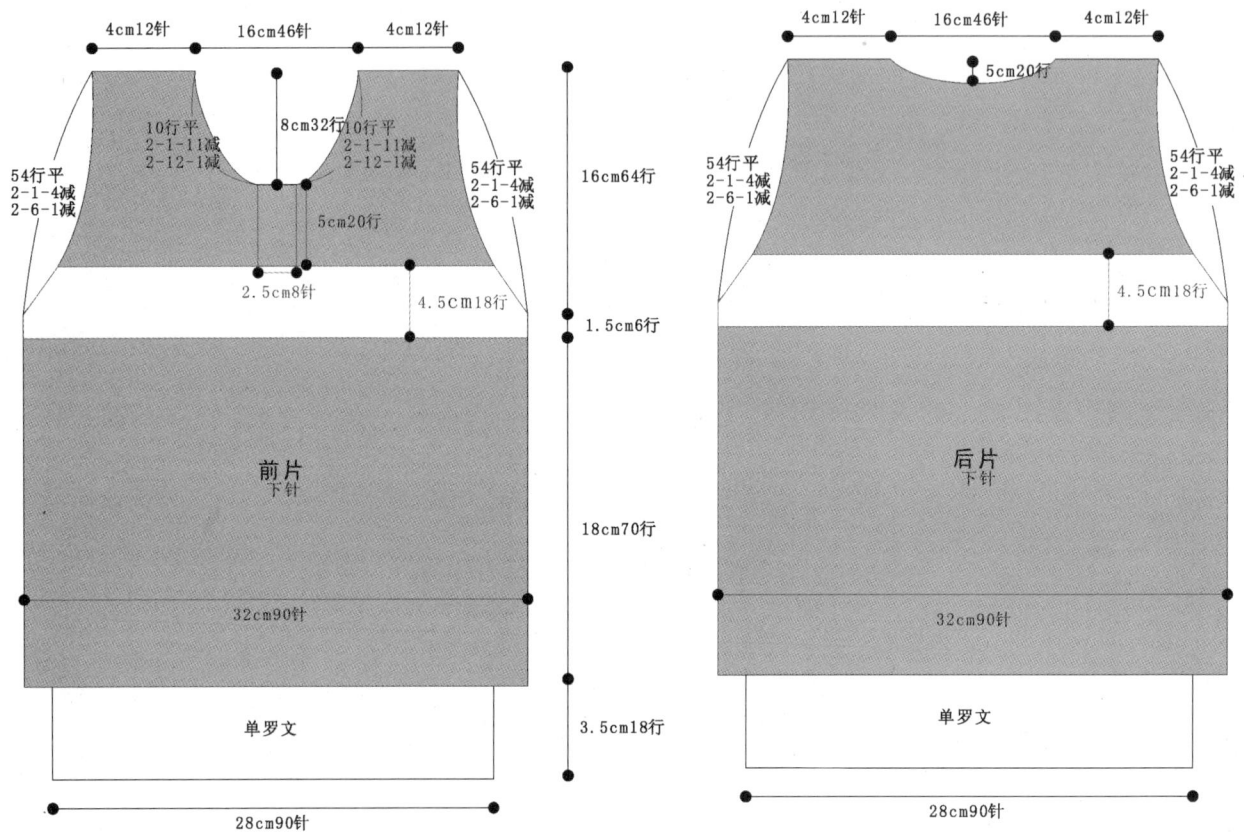

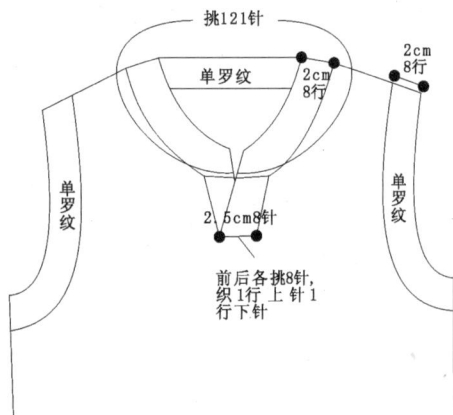

4cm12针　16cm46针　4cm12针

10行平
2-1-11减
2-12-1减

8cm32行

10行平
2-1-11减
2-12-1减

54行平
2-1-4减
2-6-1减

54行平
2-1-4减
2-6-1减

16cm64行

5cm20行

2.5cm8针

4.5cm18行

1.5cm6行

前片
下针

18cm70行

32cm90针

单罗文

3.5cm18行

28cm90针

4cm12针　16cm46针　4cm12针

5cm20行

54行平
2-1-4减
2-6-1减

54行平
2-1-4减
2-6-1减

4.5cm18行

后片
下针

32cm90针

单罗文

28cm90针

挑121针

单罗纹　2cm
8行

2cm
8行

单罗纹

单罗纹

2.5cm8针

前后各挑8针，
织1行上针1
行下针

都市丽人，白领风范

【成品规格】衣长50cm，胸围66cm，袖长17cm
【工　　具】13号棒针一副，1.8mm钩针一支
【材　　料】九色鹿貂绒300g，大红色马海毛50g
【编织要点】
　　1.起针240针，织下针。到相应位置留袖窿及前后领窝。
　　2.用马海毛线单独钩好的胸巾，挑织领子，领子是片织，1行下针，1行上针，3个来回。在织第1行时，顺便把胸巾缝织在胸前，缝在正中位置。
　　3.换用马海毛线织领子花样，缝扣子，钩扣绊。
　　4.织袖子，由上而下织，袖子即要完工之时，换用马海毛线织边。

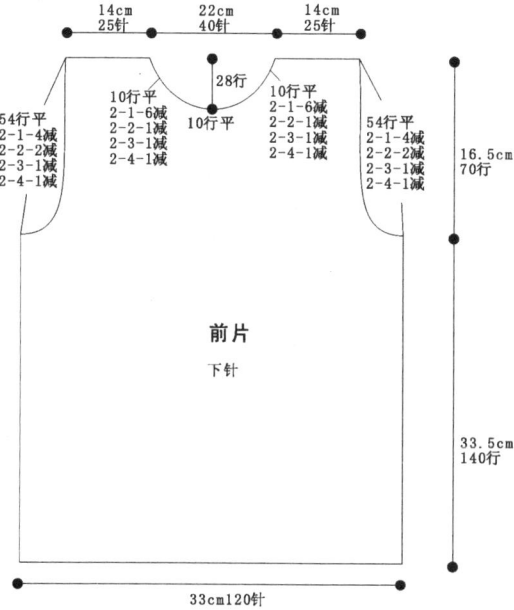

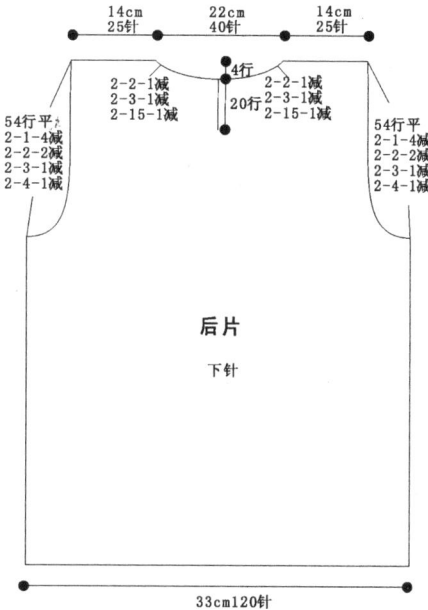

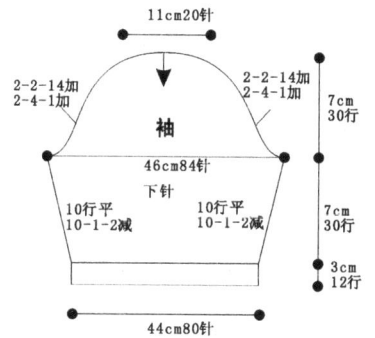

前片 下针

14cm 25针　22cm 40针　14cm 25针

28行
10行平

54行平
2-1-4减
2-2-2减
2-3-1减
2-4-1减

10行平
2-1-6减
2-2-1减
2-3-1减
2-4-1减

10行平
2-1-6减
2-2-1减
2-3-1减
2-4-1减

54行平
2-1-4减
2-2-2减
2-3-1减
2-4-1减

16.5cm 70行

33.5cm 140行

33cm120针

后片 下针

14cm 25针　22cm 40针　14cm 25针

4行
2-2-1减
2-3-1减
2-15-1减

20行

2-2-1减
2-3-1减
2-15-1减

54行平
2-1-2减
2-2-2减
2-3-1减
2-4-1减

54行平
2-1-4减
2-2-2减
2-3-1减
2-4-1减

33cm120针

袖 下针

11cm20针

2-2-14加
2-4-1加

2-2-14加
2-4-1加

7cm 30行

46cm84针

10行平
10-1-2减

10行平
10-1-2减

7cm 30行

3cm 12行

44cm80针

挑96针织领

领口红巾的编织花样

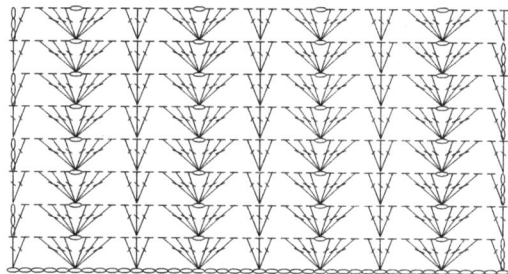

领和袖口花样

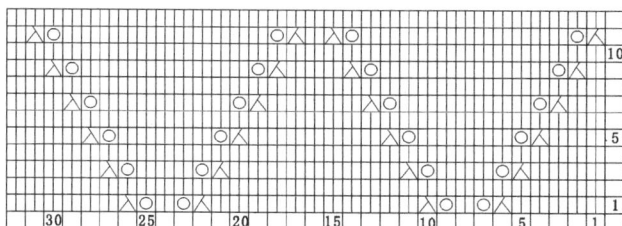

10

5

1

30　25　20　15　10　5　1

段染的魅力

【成品规格】衣长50cm，胸围66cm，袖长30cm
【工　　具】9号棒针一副，2.5钩针一支
【材　　料】九色鹿9089段染手编线300g，童话宝宝线白色50g
【编织要点】

1. 先织衣服下半部分，起80针，织8行后，第9行将80针分为4份，织3/4调头，织2/4调头，织1/4调头，织一行完整的以后，织1行反针，织1行狗牙针，再织1行反针后织4/1调头，织2/4调头，织3/4调头，最后织1行全织，如此反复织11次。

2. 挑织衣服的上半部分，2针辫子挑3针，挑140针，分前后片织，织好后用白色宝宝线织前片的衣领处，织好后，用钩针钩领子。

3. 起40针，织袖子，织法同衣片下半部分一样，也是分4份来回织的，织好后，挑织衣袖的上半部分，挑62针，按图织袖山。

4. 缝合。用白色宝宝线钩4个小球，2根带子，穿在衣袖上，即可。

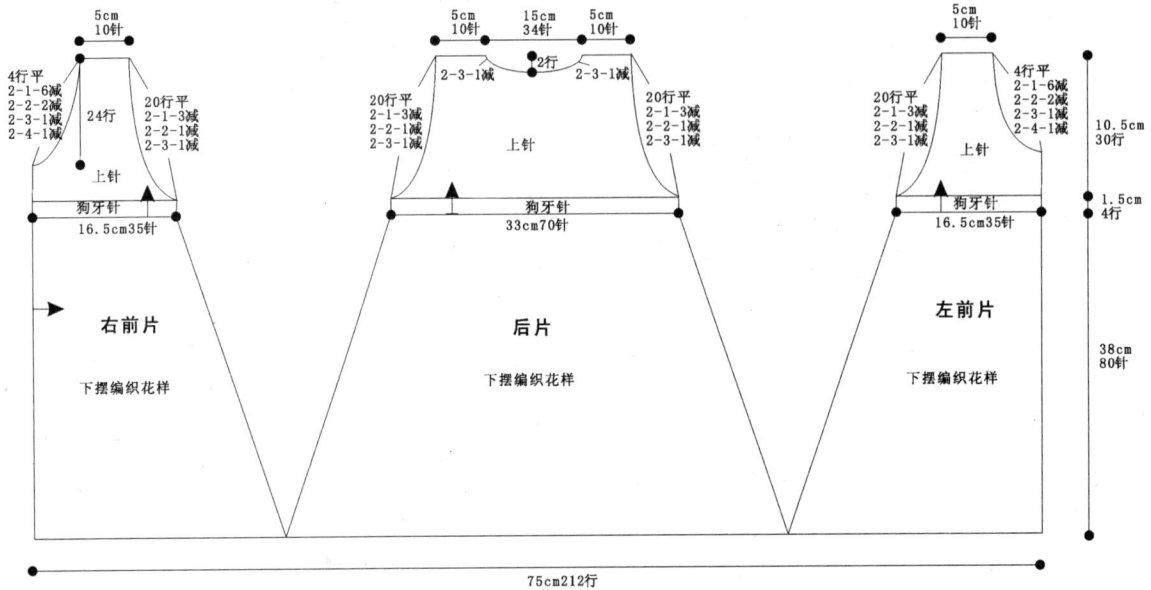

衣领钩法

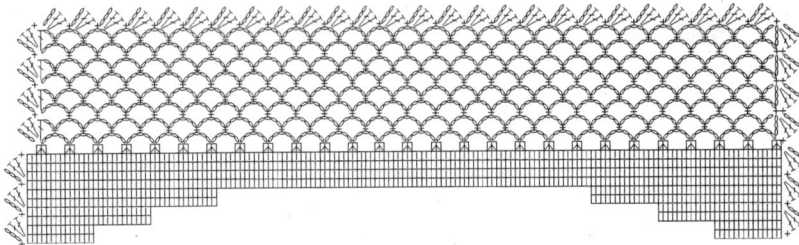

下摆编织花样

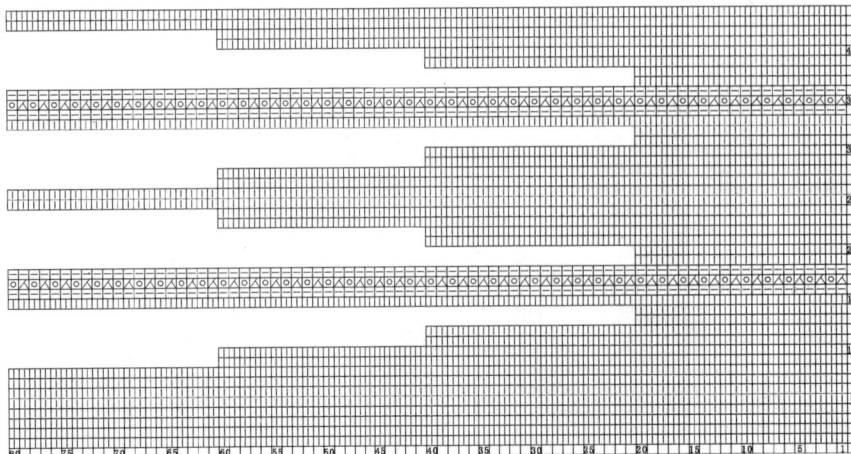

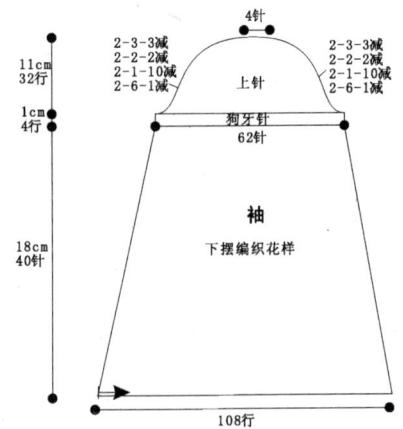

花儿朵朵

【成品规格】衣长41cm，胸围64cm
【工　　具】13号棒针
【材　　料】九色鹿丝棉一件250g
【编织要点】

　　1. 毛衣分片织，单片起140针，排5朵花，下摆织24cm留袖窿。织至27cm处，隔1针2针并1针，收掉1/3针数，平收。从中间挑44针，然后2行两头各挑针5针，前片织至36cm处，织领口。

　　2. 后片上半部分分片织，先挑26针，然后2行挑5针，2次。另一片中间8针重叠。

　　3. 领子挑58针，边织6行。袖子起70针，织12行加30针，然后每2行两边各加1针（共4次），然后织袖山。

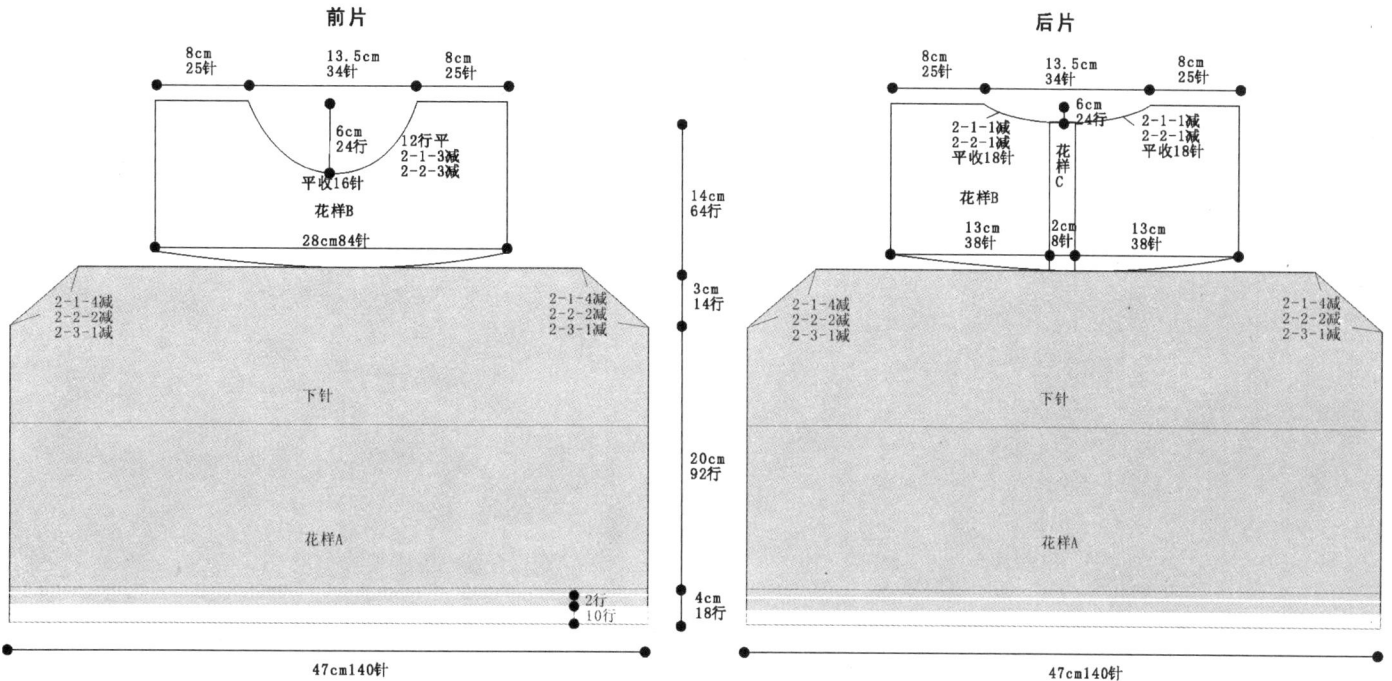

前片

8cm 25针　13.5cm 34针　8cm 25针

6cm 24行　12行平　2-1-3减　2-2-3减

平收16针

花样B

28cm84针

2-1-4减　2-2-2减　2-3-1减

2-1-4减　2-2-2减　2-3-1减

下针

花样A

2行　10行

47cm140针

后片

8cm 25针　13.5cm 34针　8cm 25针

6cm 24行

2-1-1减　2-2-1减　平收18针　花样C　2-1-1减　2-2-1减　平收18针

花样B　13cm 38针　2cm 8针　13cm 38针

14cm 64行

3cm 14行

20cm 92行

4cm 18行

2-1-4减　2-2-2减　2-3-1减

2-1-4减　2-2-2减　2-3-1减

下针

花样A

47cm140针

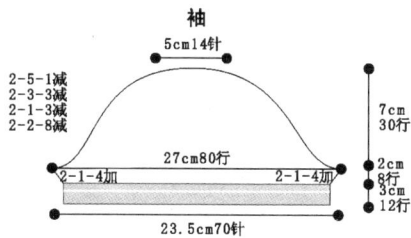

袖

5cm14针

2-5-1减　2-3-3减　2-1-3减　2-2-8减

7cm 30行

27cm80行

2-1-4加　2-1-4加

2cm 8行　3cm 12行

23.5cm70针

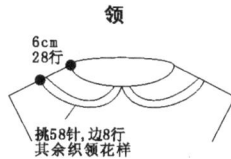

领

6cm 28行

挑58针，边8行　其余织领花样

下摆领口袖口花样

花样A

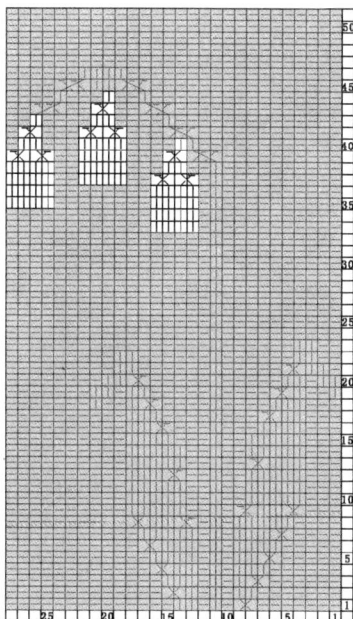

花样B

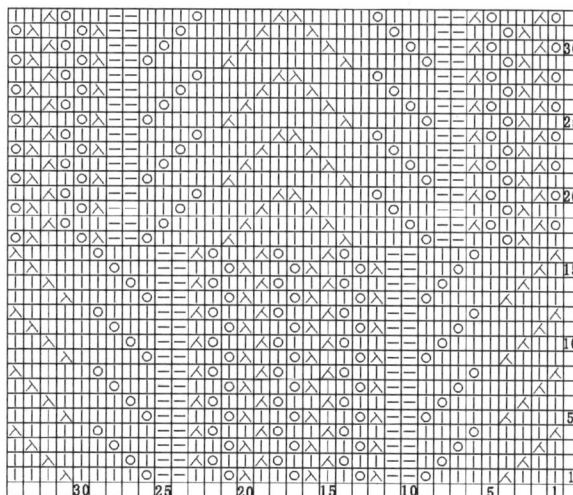

花样C

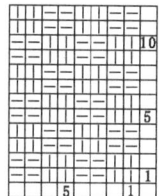

领花样

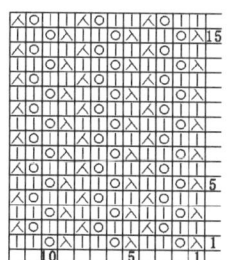

金色童年儿童上衣

【成品规格】衣长49cm，胸围70cm，袖长40cm
【工　　具】12号棒针，1.5mm钩针1支
【材　　料】九色鹿索菲亚黄色350g，白色150g
【编织要点】

1. 起180针织20行双罗纹然后织花样A，织26cm，后面捏一个褶减掉24针，织花样B。
2. 袖子起46针白色线织30cm，向上织每8行左右各加1针，黄色线起78针织10行双罗纹，向上织花样B。
3. 领口挑106针织双罗纹，按图钩单元花，用小辫针连在一起，缝在衣服上。

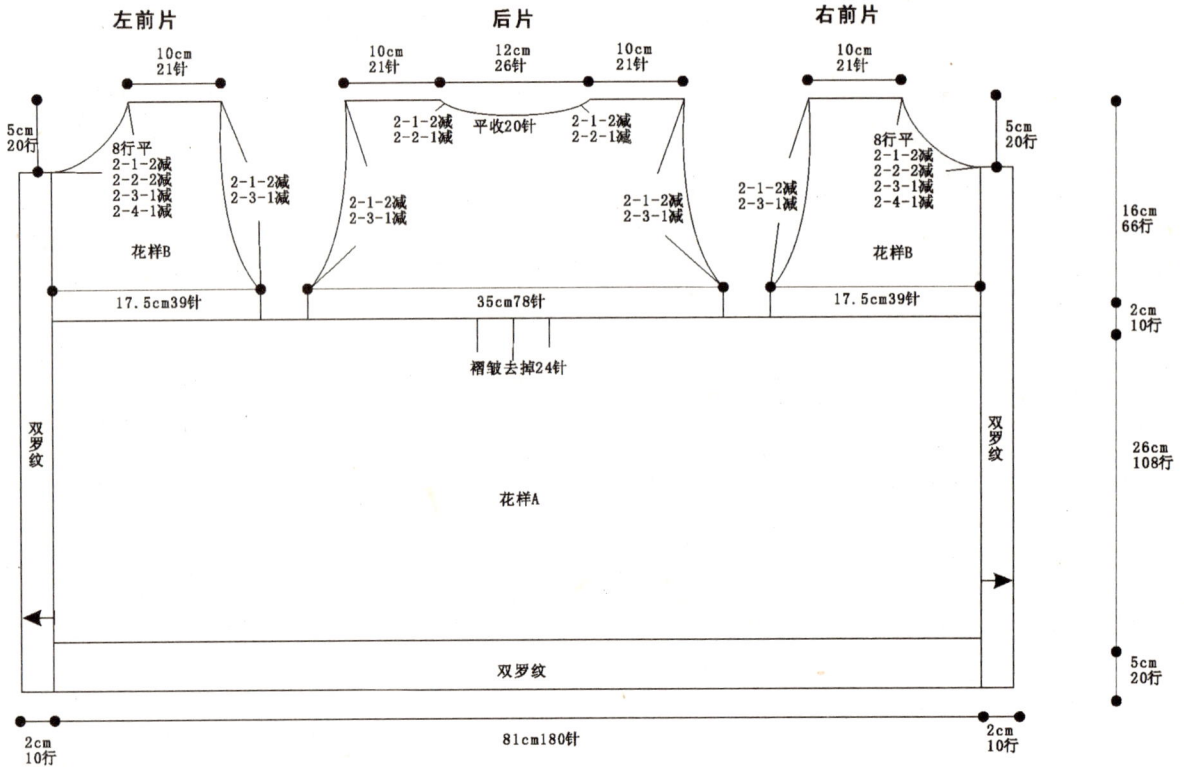

左前片　　　　　后片　　　　　右前片

10cm 21针　　10cm 21针　12cm 26针　10cm 21针　　10cm 21针

5cm 20行

8行平
2-1-2减
2-2-2减
2-3-1减
2-4-1减

2-1-2减
2-2-1减　　平收20针　　2-1-2减
2-2-1减

2-1-2减
2-3-1减　　　　　　　　　2-1-2减
2-3-1减

8行平
2-1-2减
2-2-2减
2-3-1减
2-4-1减

2-1-2减
2-3-1减　　　　　　　　　2-1-2减
2-3-1减

花样B　　　　　　　　　　　　花样B

5cm 20行

16cm 66行

17.5cm39针　　　　35cm78针　　　　17.5cm39针

2cm 10行

褶皱去掉24针

双罗纹　　　　　　　　　　　　　　　　双罗纹

26cm 108行

花样A

双罗纹

5cm 20行

2cm 10行　　　　　81cm180针　　　　　2cm 10行

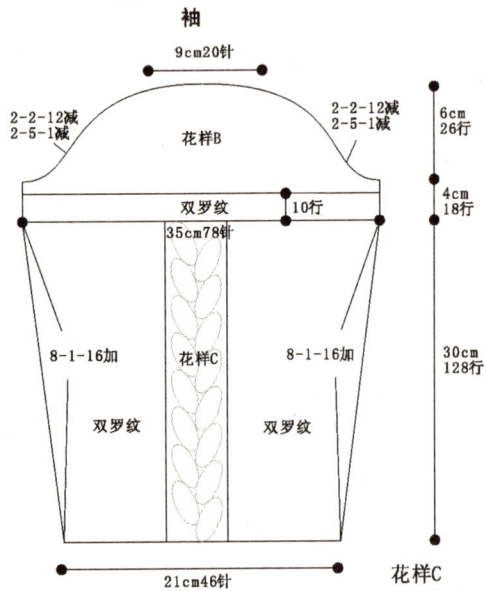

袖

9cm20针

2-2-12减
2-5-1减　　花样B　　2-2-12减
2-5-1减

6cm 26行

双罗纹　　10行　　　35cm78针

4cm 18行

8-1-16加　花样C　8-1-16加

双罗纹　　　　双罗纹

30cm 128行

21cm46针

钩针花样

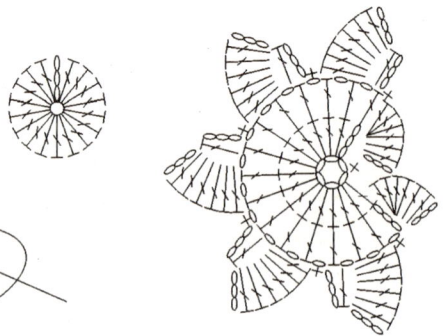

领

挑106针，
织双罗纹

2cm
10行

花样A

花样B

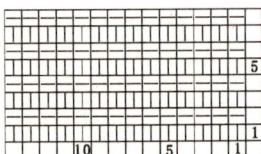

花样C

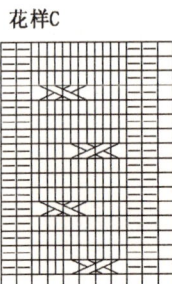

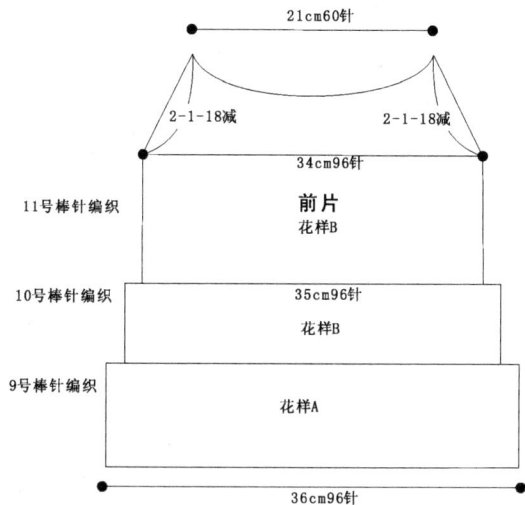

花语蔷薇

【成品规格】衣长57cm，胸围68cm，袖长59cm
【工　　具】9号、10号、11号、13号棒针各一副
【材　　料】九色鹿1801小马海毛100g，千层雪白色线半把，羊绒200g
【编织要点】

　　1.9号针起96针，织一行后开始合股用下针织千层雪白色线，6行下针，合股用上针织千层雪白色线，重复上面织法，织6行千层雪白色线再织2行换10号针织，织花样B织11cm后换11号针织，20cm后两边隔行收1针，前后织法一样，收18次后停针。

　　2.前后片之间加50针。织4行后把袖子的50针并25针。再织4行后织加千层雪白色线织一行反针。换13号针织8行，然后改织狗牙针，织6行后在反面缝合。（里面穿绳，这样可以调节领子大小）

　　3.挑起织领子的时候，袖那里加的50针卷针，往下边织两边在前后片挑针。直到挑完为止。往下织袖子，织6.5cm后，中间二并一并掉15针。在中间织两排麻花。2针上针，6针下针，1针上针，6针下针，2针上针。麻花6行扭1次，扭8次后，中间加5针，织23cm。

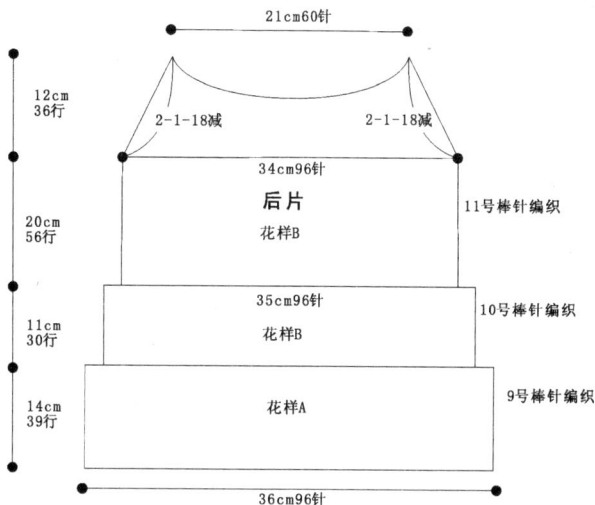

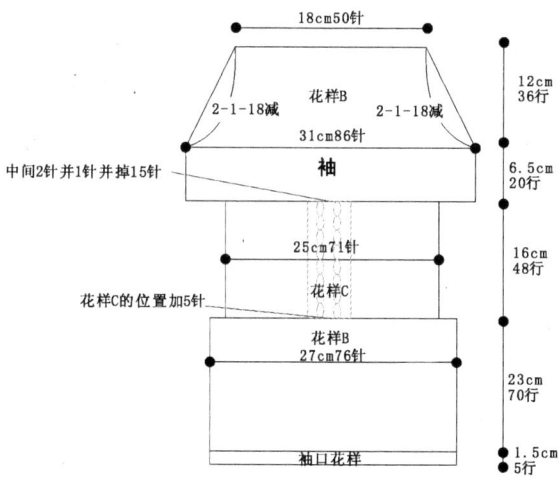

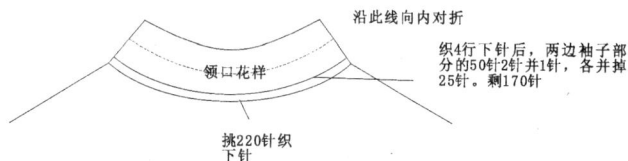

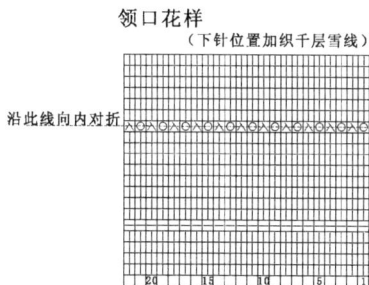

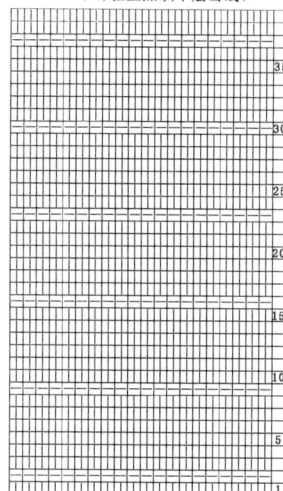

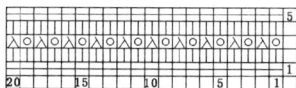

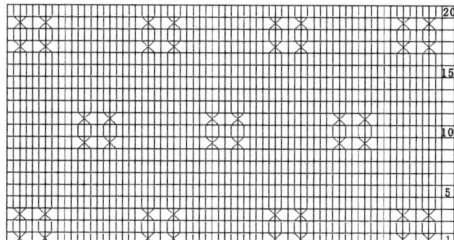

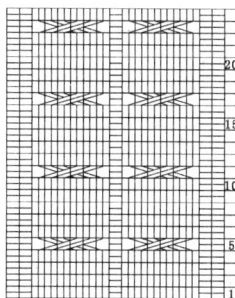

满庭芳系列之满园春色

【成品规格】衣长40cm，胸围54cm
【工　　具】2mm钩针一支
【材　　料】九色鹿丝棉5202号150g
【编织要点】

　　1.前片从中间单元花开始钩起，钩3个单元花连接在一起，然后分别按图向两边钩。

　　2.按图解钩后片。

　　3.将衣片缝合，按图解钩上花边。

前片

后片

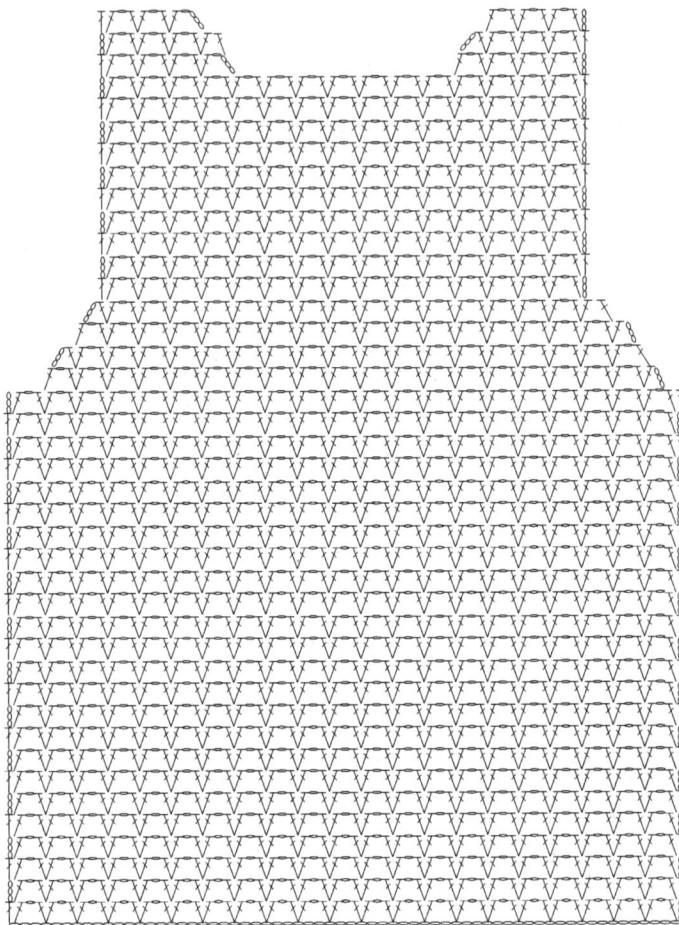

领口和袖口花边

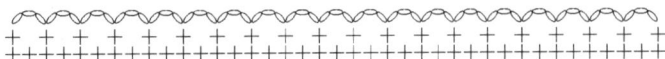

底边花样

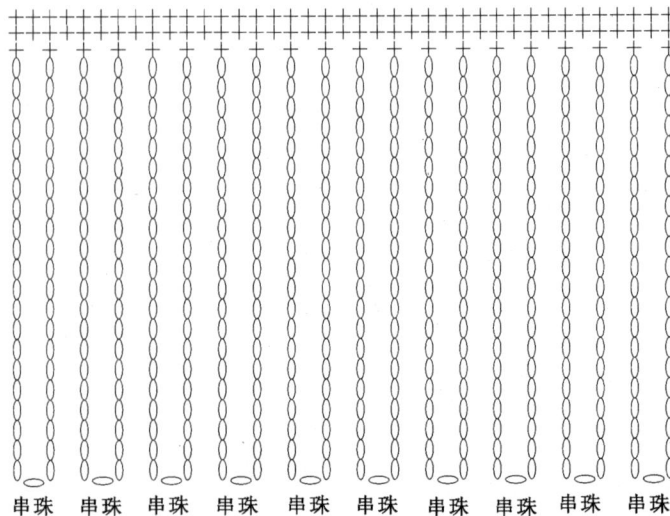

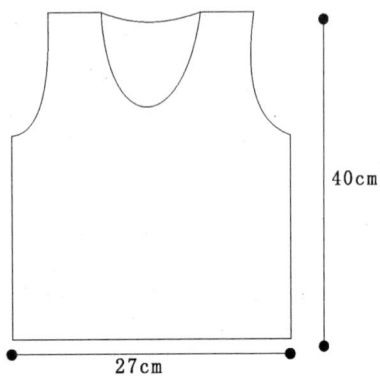

40cm

27cm

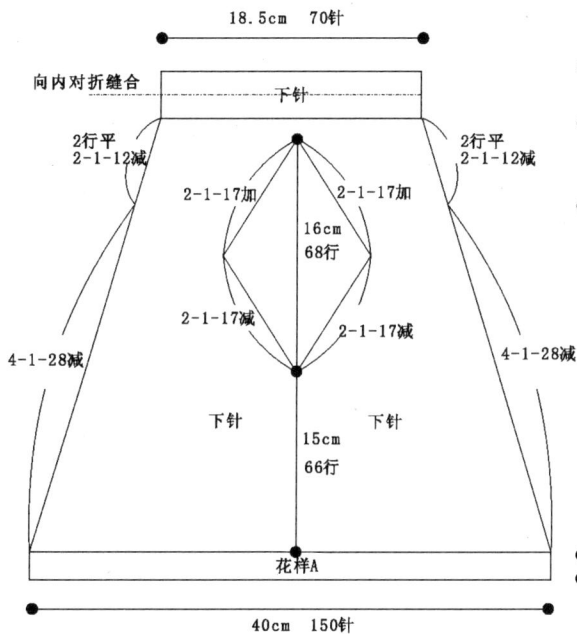

满庭芳系列之一枝独秀

【成品规格】衣长36cm，胸围60cm
【工　　　具】12号棒针
【材　　　料】九色鹿丝棉5202号150g
【编织要点】
 1. 下摆起300针，织完花样A后，前后片两侧每4行减一针减28次，留袖窿，每2行减1针。
 2. 领口向内对折缝合穿上绳子。
 3. 按图解钩单元花缝在相应位置。

前片

18.5cm　70针

向内对折缝合 ---- 下针

2行平
2-1-12减

2行平
2-1-12减

2-1-17加　　2-1-17加

16cm
68行

2-1-17减　　2-1-17减

4-1-28减　　　　　　　　　4-1-28减

下针　　　下针

15cm
66行

花样A

40cm　150针

5cm
24行

6cm
26行

25cm
138行

2.5cm
12行

后片

18.5cm　70针

2行平
2-1-12减　　下针　　向内对折缝合　2行平
2-1-12减

4-1-28减　　　　　　　　　4-1-28减

下针

花样A

40cm　150针

花样A

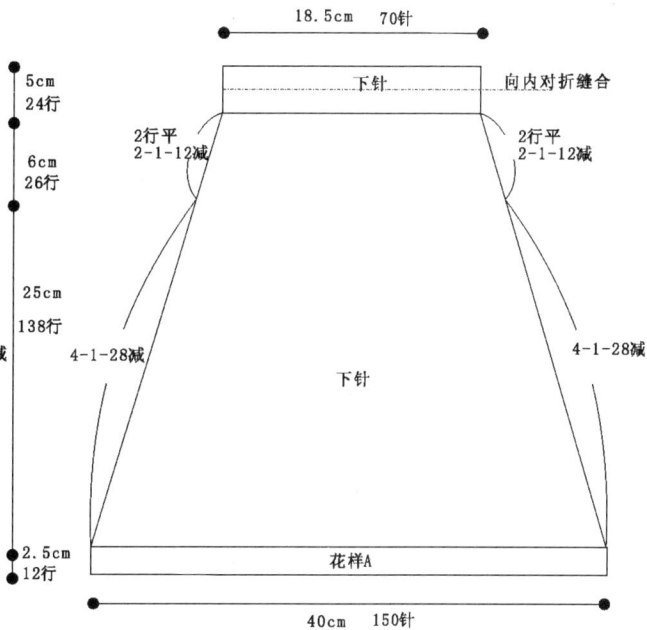

10

5

1

30　　25　　20　　15　　10　　5　　1

前片钩针部分

后片钩针部分

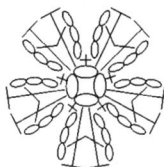 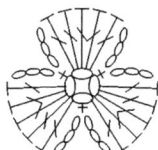

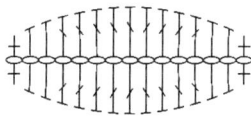 

经典千鸟格童裙

【成品规格】胸围66cm，裙长49cm，裙摆82cm

【工　　具】5.0mm钩针一支

【材　　料】九色鹿童黑色150g，奶白色100g，白色丝带1根，扣子1枚，羊仔绒少许

【编织要点】

　　1. 圈钩，从上往下钩。用黑色线并两股，起90针，插肩4个角，两个肩各15针，前后身各30针，每一行每个角加1针。圈钩部分钩长针，总共钩16行。

　　2. 16行结束后分袖子，每个袖窝加10针小辫针。

　　3. 第17行，用白线钩花边，结束后锁针返回第16行，开始钩裙摆。

　　4. 用黑线从花边后，即第17行开始加针，钩裙摆部分。

　　特别说明：裙摆为一次性加针，加针后直接钩完裙摆。每4针加1针，整行加针完后，再钩3行长针。第21行，开始钩千鸟格图案。第21行开始钩千鸟格花样，共19组，38行。白色线钩辫子部分，黑色线钩小扇子，最后一圈逆短针锁边。

　　5. 整裙钩完后，领子、袖子白色线各钩一圈逆短针。圈钩第五行，穿上丝带，打蝴蝶结，钉上装饰扣。

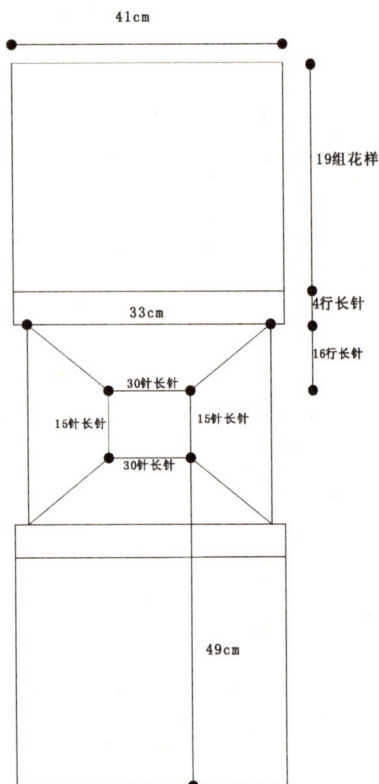

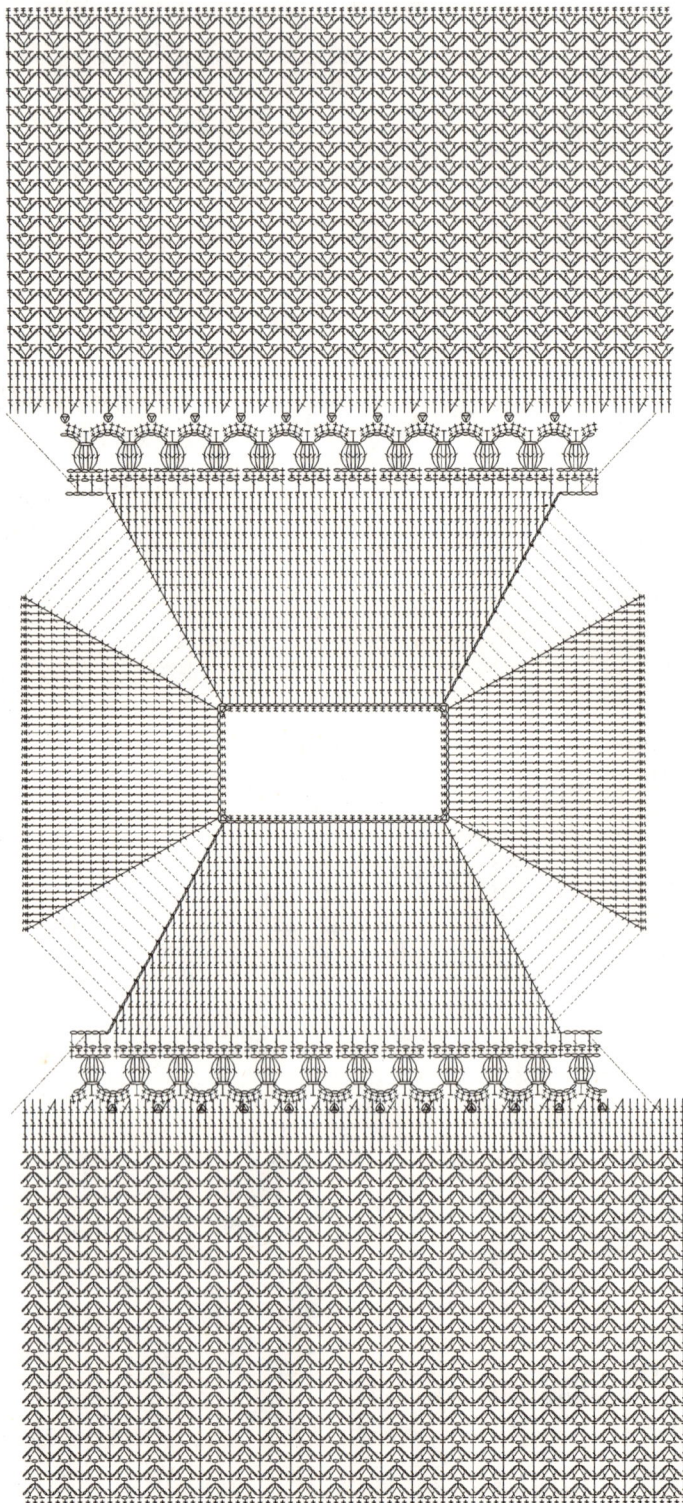

丝路雨花

【成品规格】胸围70cm，衣长63cm，袖长35cm
【工　　具】1.75钩针一支
【材　　料】九色鹿丝柔450g
【编织要点】

　　1. 先横钩下摆长片36cm×110cm，后面做一个褶，前面两边各一个褶。往上竖钩后前后各排两竖小花瓣上半身12cm分夹，上半身长27cm。

　　2. 袖子横钩56cm×14cm后竖钩，袖长35cm，领口钩8组2层领花。

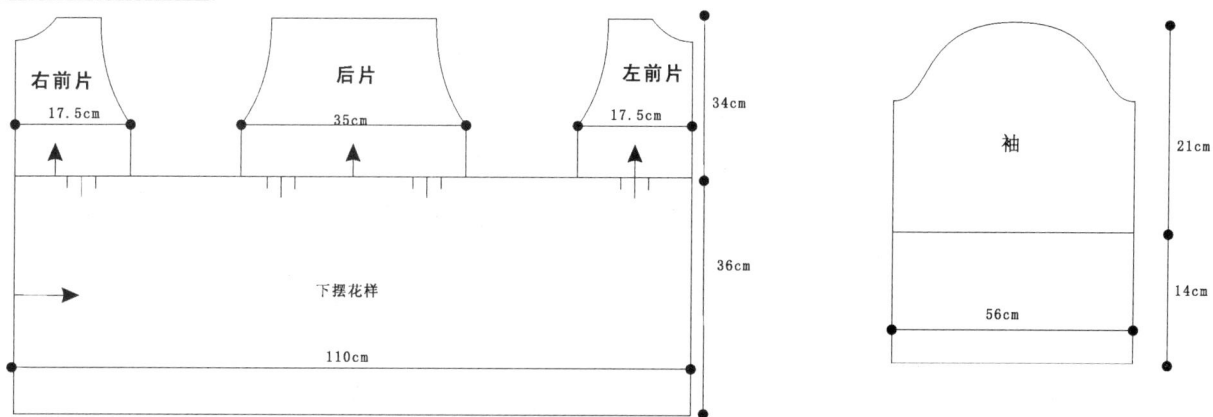

领子花样

后片

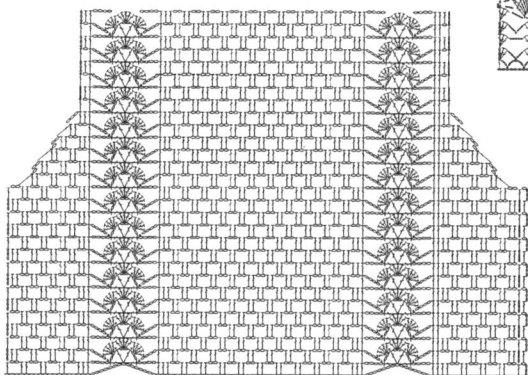

前片

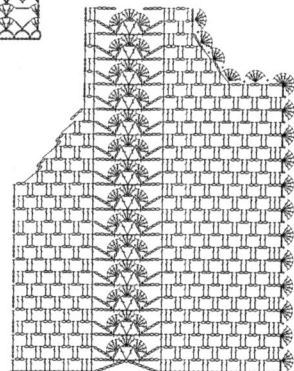

下摆花样

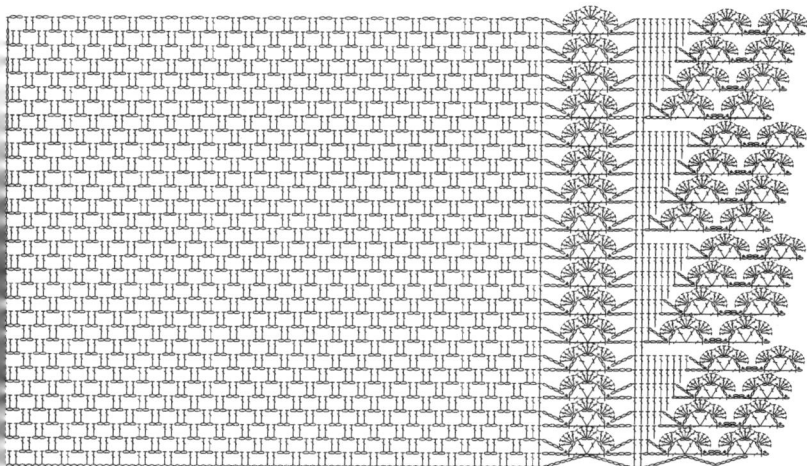

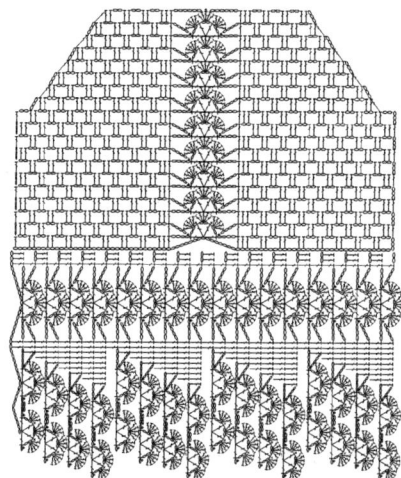

梦幻花语

【成品规格】胸围54cm，衣长40cm，袖长34cm
【工　　具】1.75钩针一支
【材　　料】九色鹿丝柔450g
【编织要点】

　　1. 衣服按图解先钩上半部分，钩好后横钩腰，再用阿富汗针挑针织下半部分，缝合后挑门襟，钩8行短针。

　　2. 袖子按图由下向上钩，最后横钩袖口。按图钩花朵叶片装饰衣服。

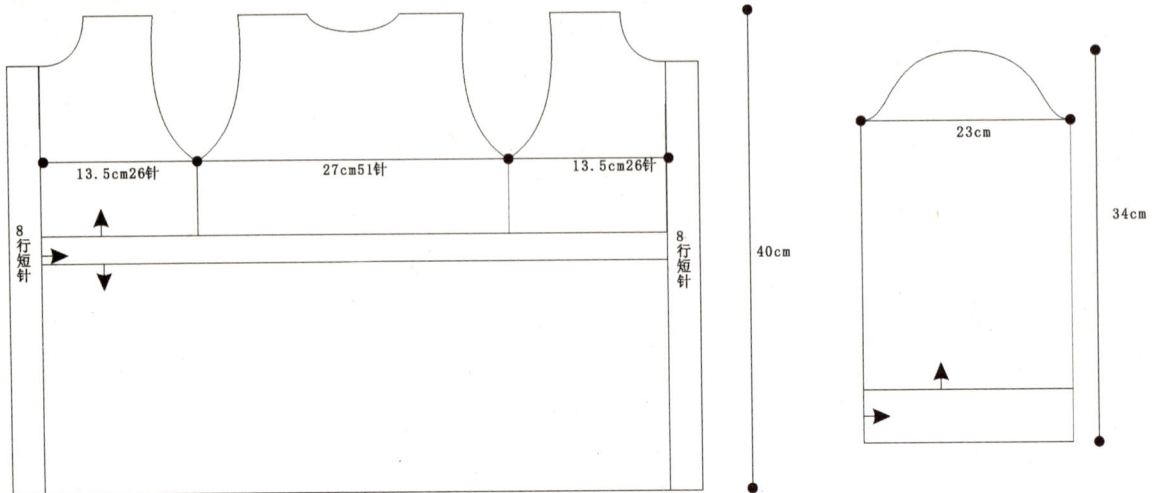

装饰花的钩法

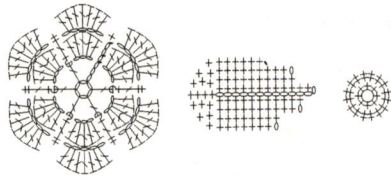

底边的钩法

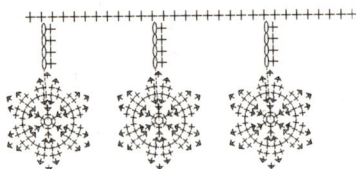

花样B　　花样A

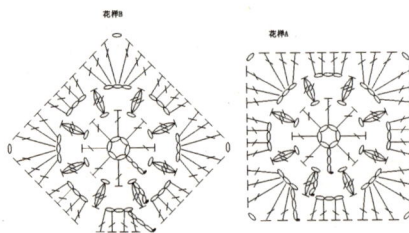

鞋子结构图

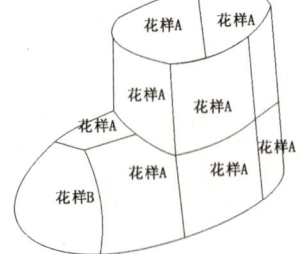

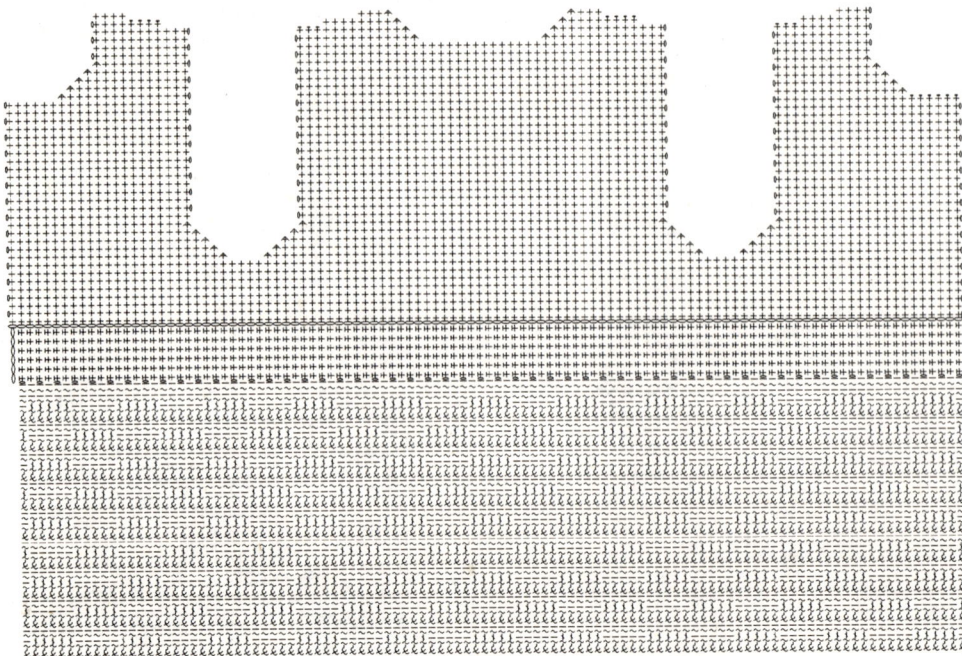

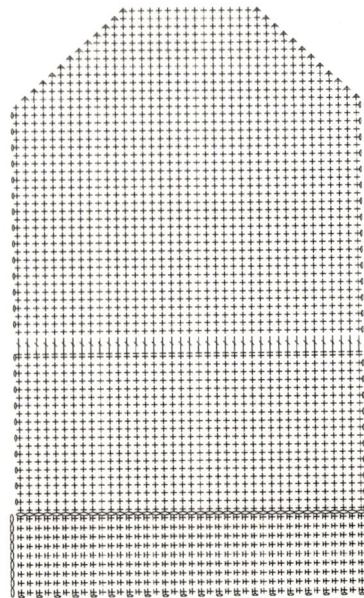

秋韵

【成品规格】胸围45cm，衣长40cm，摆裙28cm
【工　　具】14号棒针，1.8钩针
【材　　料】九色鹿童年线奶黄600g，玫红250g
【编织要点】

1. 按图解钩衣片，衣片完成后缝合在领口、门襟、袖口钩上花边。
2. 裙子由上自下编织起192针。织2行空心边后织图解花样，棒针部分完成后收针挑钩针花样，前后片共16组花样。
3. 钩完后裙口镶上流苏装饰。

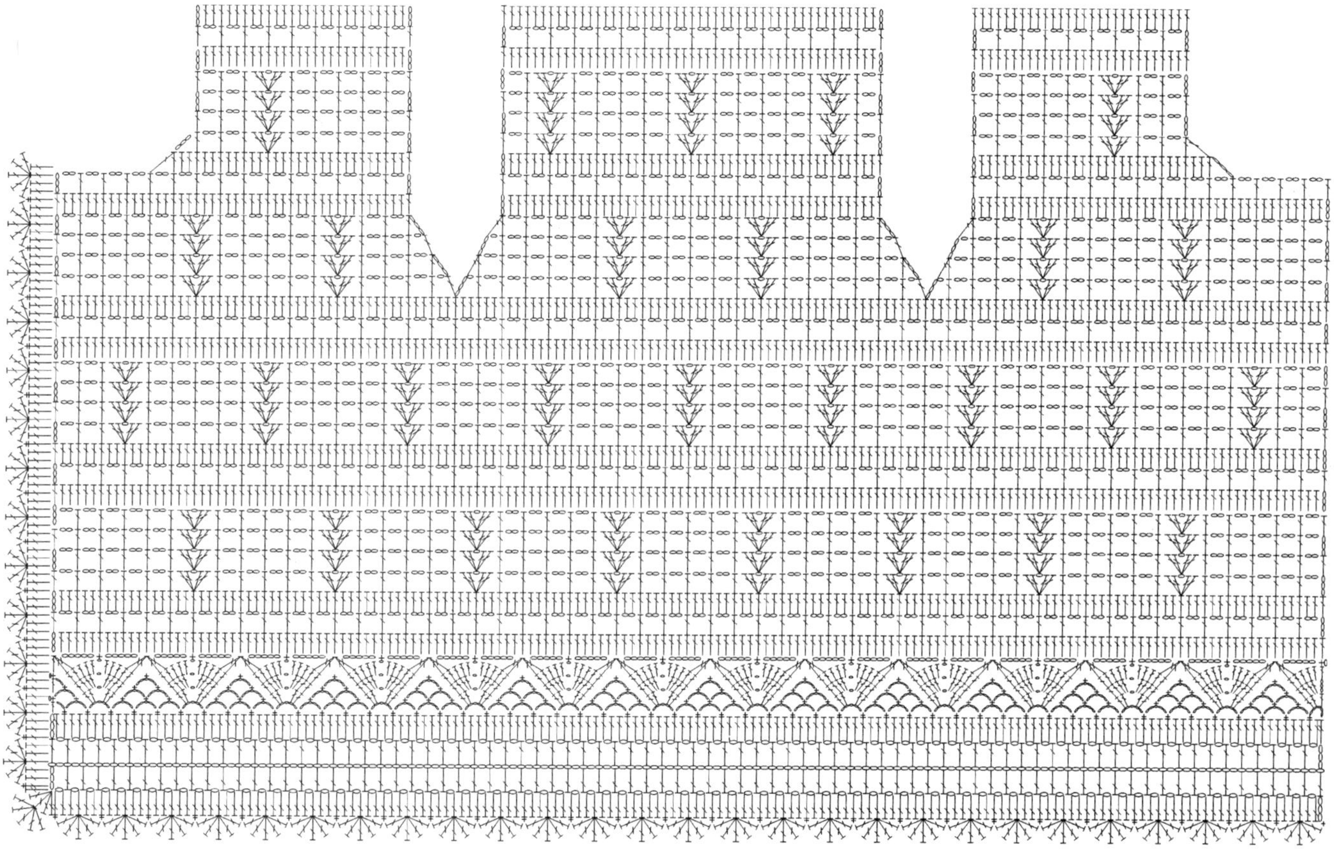

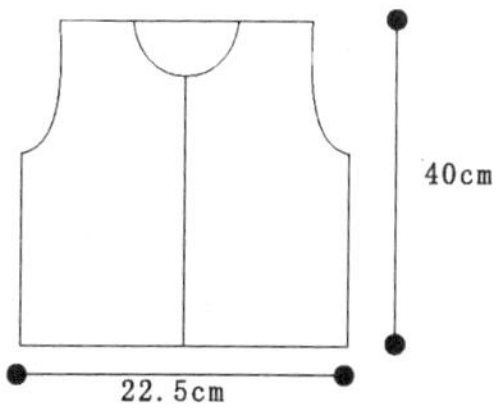

40cm

22.5cm

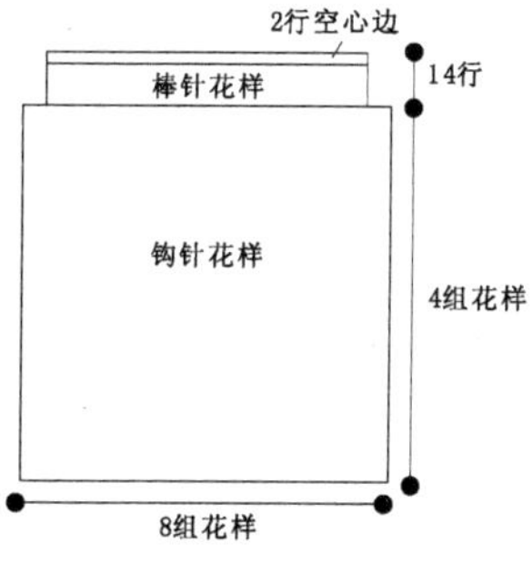

裙片钩针部分

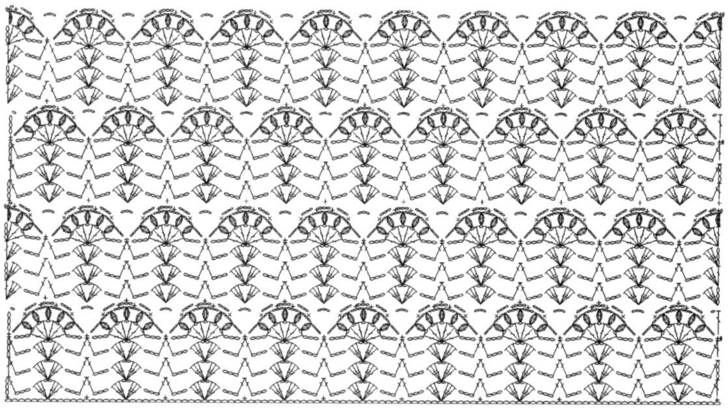

2行空心边

棒针花样

14行

钩针花样

4组花样

8组花样

棒针花样

10

5

15   10   5   1

1

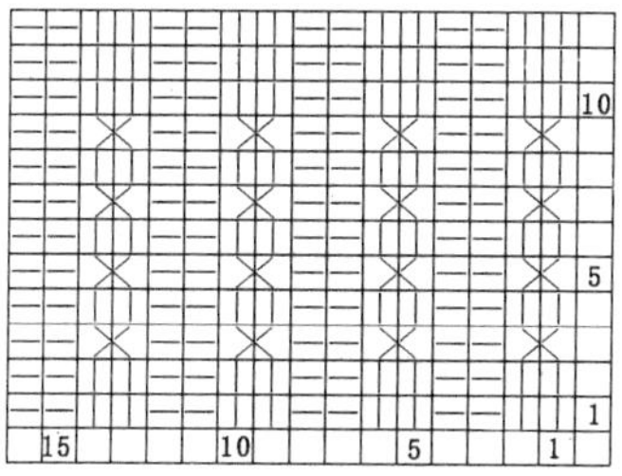

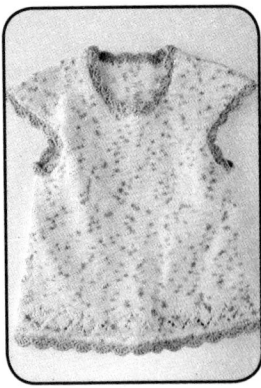

雪精灵

【成品规格】衣长52cm，胸围63cm
【工　　　具】11号棒针1副
【材　　　料】九色鹿童年棉线白色150g
【编织要点】
　　1. 起160针由下向上编织按图解前后片两边收针。织74行留袖窿，按图留前后领窝。
　　2. 领口下摆及袖口，按图解钩花边。

前片

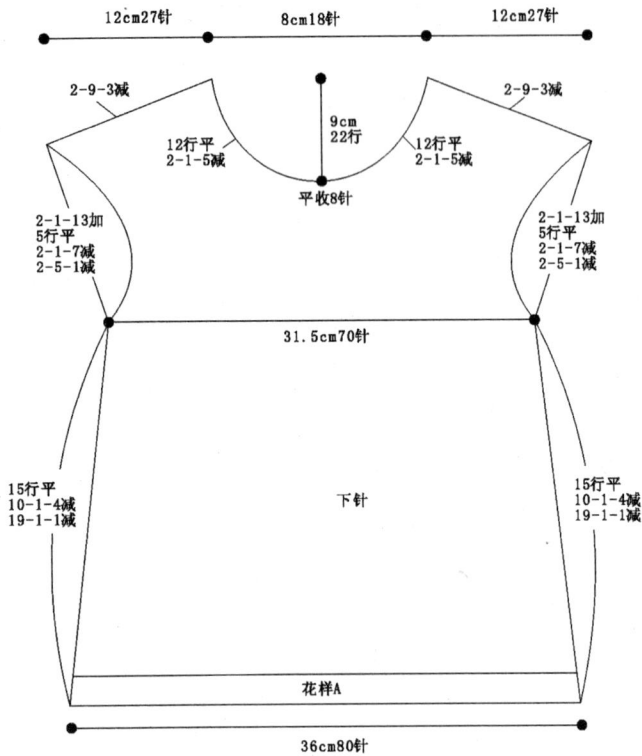

12cm27针　　8cm18针　　12cm27针

2-9-3减　　　　　　　　2-9-3减

9cm
22行

12行平　　　　　　12行平
2-1-5减　　　　　　2-1-5减

平收8针

2-1-13加　　　　　　　2-1-13加
5行平　　　　　　　　　5行平
2-1-7减　　　　　　　　2-1-7减
2-5-1减　　　　　　　　2-5-1减

31.5cm70针

15行平　　　　下针　　　15行平
10-1-4减　　　　　　　　10-1-4减
19-1-1减　　　　　　　　19-1-1减

花样A

36cm80针

后片

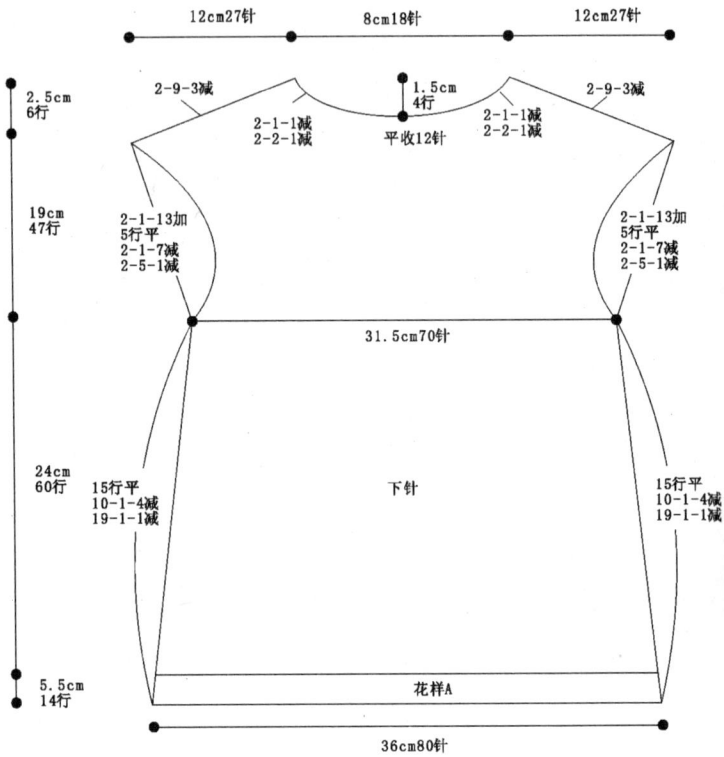

12cm27针　　8cm18针　　12cm27针

2.5cm
6行

2-9-3减　　　　　　　　2-9-3减
　　　2-1-1减　　1.5cm　2-1-1减
　　　2-2-1减　　4行　　2-2-1减
　　　　　　平收12针

19cm
47行

2-1-13加　　　　　　　2-1-13加
5行平　　　　　　　　　5行平
2-1-7减　　　　　　　　2-1-7减
2-5-1减　　　　　　　　2-5-1减

31.5cm70针

24cm
60行

15行平　　　下针　　　15行平
10-1-4减　　　　　　　10-1-4减
19-1-1减　　　　　　　19-1-1减

5.5cm
14行

花样A

36cm80针

花样A

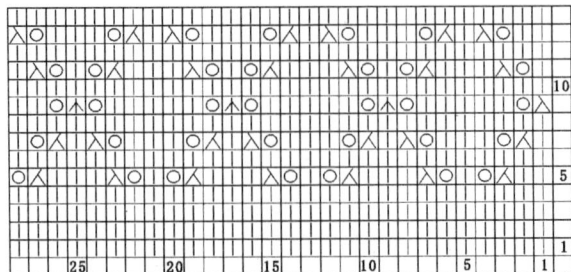

10

5

1

25　　20　　15　　10　　5　　1

花边钩法

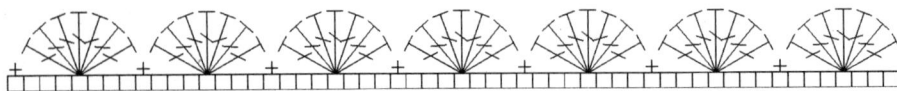

樱桃满枝

【成品规格】衣长50cm，胸围66cm，袖长26cm
【工　　具】1.8mm钩针一支
【材　　料】九色鹿童趣系列9086-8333淡蓝色250g
【编织要点】
1. 起200针，从下往上织，先短针来回织10行，织2行黄色，然后开始花样编织。
2. 腋下各留6针，分前后片织，腋下两边各减5针。
3. 领窝两边的肩是分层次织的，每次减肩宽的1/4。
4. 前后片织好后，合在一起，在袖窿，从上往下边挑边钩袖子。

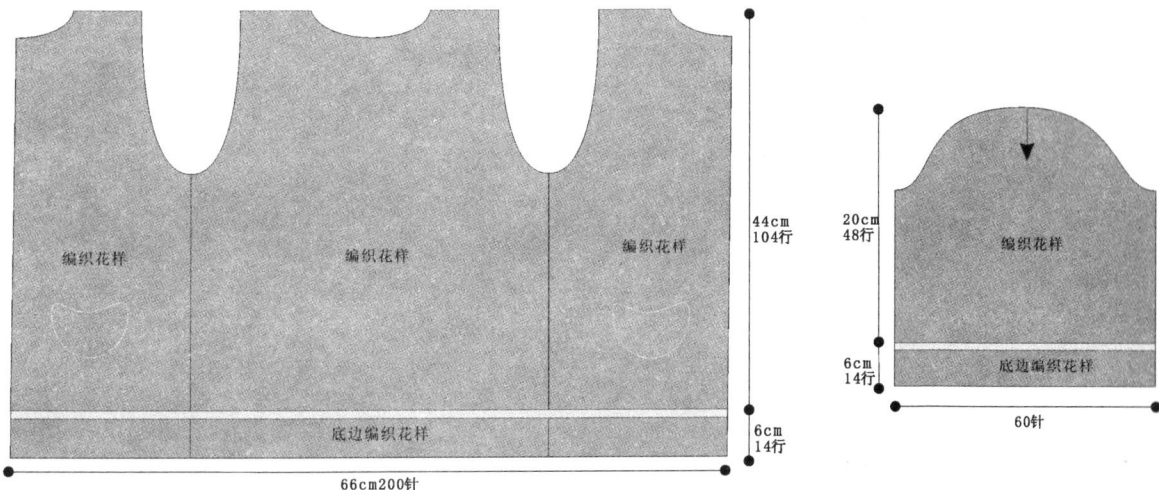

前片领和袖减针方法

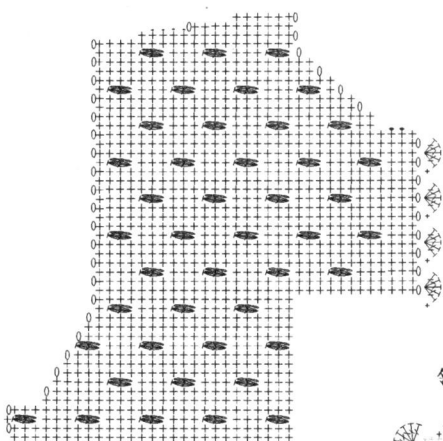

袖的钩法

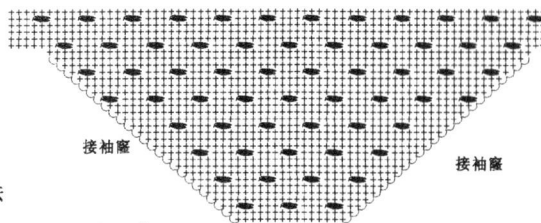

接袖窿　　接袖窿

衣兜钩法

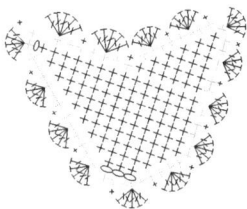

装饰花的钩法

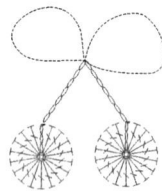

领的钩法

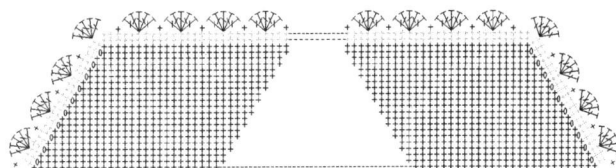

编织花样

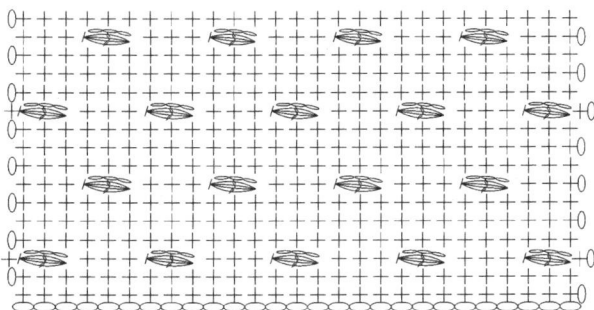

底边编织花样

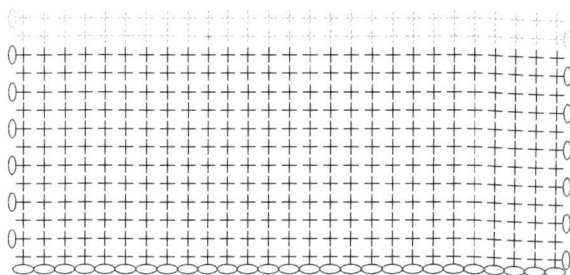

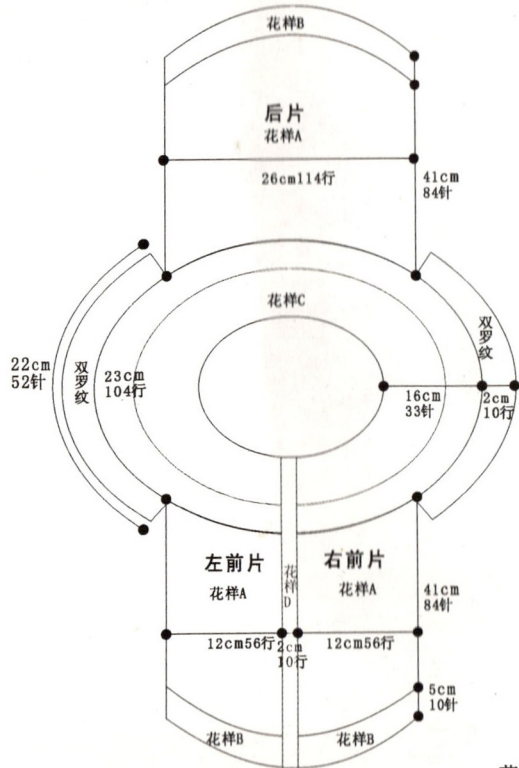

后片
花样A
26cm114行 41cm 84针

花样C

花样A
双罗纹
22cm 52针 23cm104行
双罗纹
16cm 33针 2cm 10行

左前片
花样A 花样D
右前片
花样A 41cm 84针

12cm56行 2cm 10行 12cm56行

5cm 10针

花样B 花样B

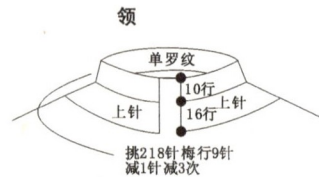

领
单罗纹
上针 10行 上针 16行
挑218针梅行9针
减1针减3次

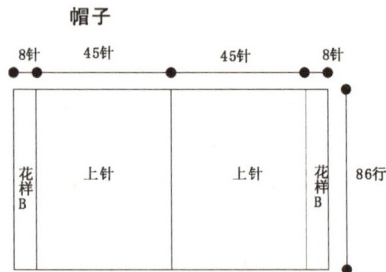

帽子
8针 45针 45针 8针
花样B 上针 上针 花样B
86行

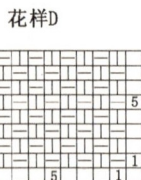

花样D

5

5 1

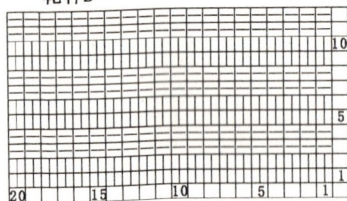

花样B

10
5
1
20 15 10 5 1

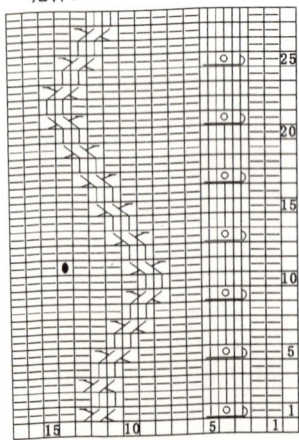

花样C

25
20
15
10
5
1
15 10 5 1

●=

圆肩部分织法

花样A

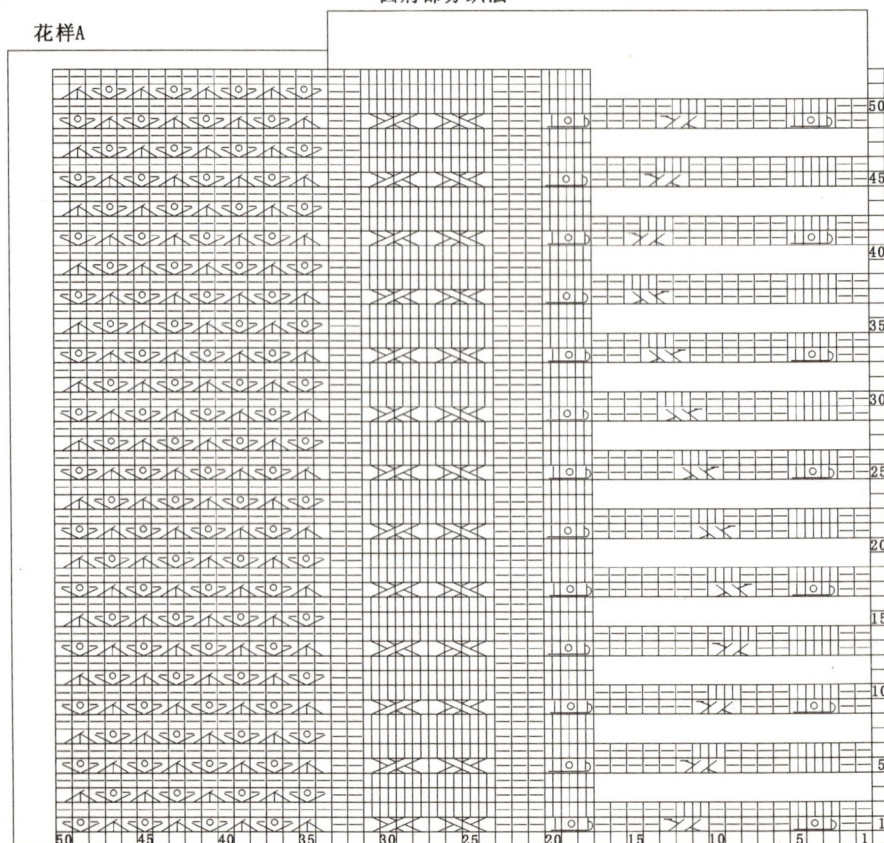